藏在故事里的数学思维训练

数学魔法课

3-6年级适用

卢声怡◎著

U0179074

海峡出版发行集团 | 福建人民出版社
THE STRAITS PUBLISHING & DISTRIBUTING GROUP | FUJIAN PEOPLE'S PUBLISHING HOUSE

图书在版编目（CIP）数据

数学魔法课/ 卢声怡著 . --福州：福建人民出版社，2020.12
（藏在故事里的数学思维训练）
ISBN 978-7-211-08581-1

Ⅰ.①数…　Ⅱ.①卢…　Ⅲ.①数学－少儿读物
Ⅳ.①O1-49

中国版本图书馆 CIP 数据核字（2020）第 236828 号

数学魔法课
SHUXUE MOFAKE

作　　者： 卢声怡
责任编辑： 季奎奎
出版发行： 福建人民出版社　　**电　　话：** 0591-87533169（发行部）
网　　址： http://www.fjpph.com　　**电子邮箱：** fjpph7211@163.com
地　　址： 福州市东水路 76 号　　**邮政编码：** 350001
经　　销： 福建新华发行（集团）有限责任公司
印　　刷： 福州万紫千红印刷有限公司
地　　址： 福州市闽侯县南屿镇岐安里 6 号
开　　本： 889mm×1194mm　1/32
印　　张： 5.5
字　　数： 84 千字
版　　次： 2020 年 12 月第 1 版
印　　次： 2020 年 12 月第 1 次印刷
书　　号： ISBN 978-7-211-08581-1
定　　价： 25.00 元

目录

上篇　爸爸老师来了

01　爸爸成了数学老师　003

02　夏老师的3倍数魔法　013

03　老师教招，居然是“抄”　023

04　把它们“就地正法”　031

05　全班钻进长方体　039

06　神奇的“数学”放大镜　048

中篇　数学课有魔力

01　跟夏老师学打老虎　059

02　约分，真爽　066

03　成就除法之王　076

04　打扑克，练计算　085

05 眼睛一眨，小鸡变鸭 092
06 圆规多了一只脚 099
07 “欲翻不能”的纸圈 107

下篇 学数少年，小组出发

01 赢不了的百米大赛 119
02 倒霉是有数学道理的 126
03 分组的三原则 135
04 近水楼台先得月 145
05 地点最终选定 155
06 爸爸老师的鼓励 163

上篇

爸爸老师来了

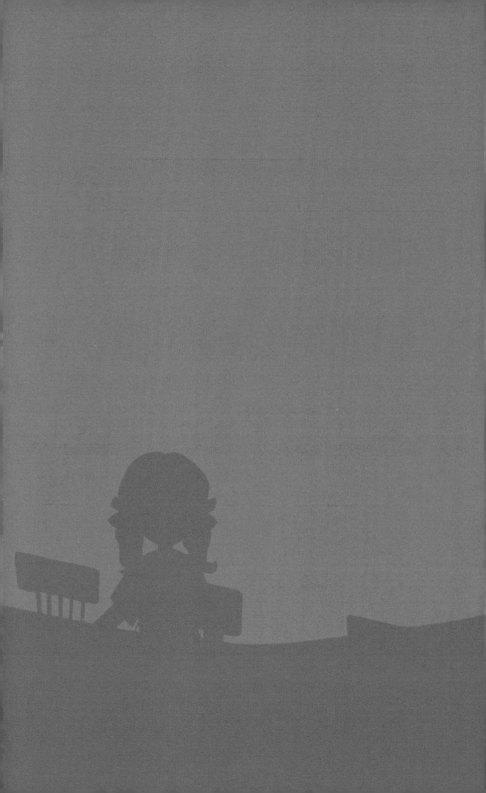

01

爸爸成了数学老师

迎接毕业班的学习生活

眼看就要开学了，快乐小学六年一班的全体同学对即将到来的毕业班学习生活，都抱着激动而期待的心情。这也难怪，班长丁思雨现在就在班级群里，给大家鼓劲儿呢。她说：“作业都做完了吗？没做完的加油呀！这个暑假眼看就要过完了，明年夏天就是一个没有作业的快乐假期啦！”

程飞翔、潘奔奔、董尚等都纷纷在后面打出了开心的表情符号，一时间，屏幕上鲜花、烟火齐飞，好不热闹。肖施文看着这些男生跟在班长后面，一呼百应的样子，撇了撇嘴，心里说：“一群跟屁虫！”

作为数学成绩长期排名倒数第一的选手，肖施文一想

到传说中的毕业班数学难题，就不由得一阵发怵。对她来说，剩下的几天假期要是能变成几年就好了，开学也能迟点。当然，如果有人宣布所有的数学课都换成语文课，那她简直要跳起来进行诗朗诵了："飞流直下三千尺，千里江陵一日还！"

可这显然是幻想，肖施文叹了一口气。她瞟了一眼屏幕，突然发现有点不对劲，刚才一直在热烈谈论自己的暑假生活的同桌男生夏皮皮怎么不吭声了，连头像也暗了下去，难道离线了？

夏皮皮同学的苦恼

夏皮皮果然关了电脑，正像个大人似的眉头紧锁，躺在床铺上唉声叹气。刚才班长丁思雨的一句话，戳中了他心里对新学期隐隐约约的担心。

到底是什么事呢？难道是怕毕业班的学习跟不上？要知道夏皮皮虽然在班上成绩不算名列前茅，但也是"比上不足，比下有余"的。他对自己的铁杆哥们董尚总结过经验："考第一名太累，班上的程飞翔、张灵栋，还有丁班长，都是高手，要牺牲多少脑细胞才能战胜他们呀。有道是杀敌

一千，自损八百。成绩垫底呢，又很危险，看肖施文每天数学课前如坐针毡的样子，就知道倒数第一虽然只比第一多两个字，但滋味是天差地别的。”

还是中不溜最安全，夏皮皮已经这样在小学度过了五年的快乐时光啦。每天在学校和好朋友玩玩闹闹，放学回家先看会儿电视再做做作业，考试前稍微复习一下，就能考个90多分。董尚羡慕地认为，夏皮皮可以出任“快乐小学快乐学习大使”。

只有夏皮皮知道，这种轻松自在的日子，从新学期起，恐怕就要结束了。

这种危机感就来自于——他爸爸！

夏皮皮的爸爸夏大树，有着另外一个称呼：夏老师。夏老师是夏皮皮所在的快乐小学的数学老师。只是他长期在六年级任教，在学校和夏皮皮是井水不犯河水，互不影响，甚至连知道这事儿的同学也很少。

但从9月起，夏皮皮就要上六年级了，而作为学校的数学骨干教师，夏大树很有可能会被校长留在六年级任教，这下爸爸不就有可能成为自己的数学老师了吗？

这是一件多么危险的事！不说别的，只要一想今后每天回家不用汇报，爸爸都知道你的家庭作业是什么，而且不用特意检查，到了第二天，爸爸自然知道你作业完成了没有（因为都是交到他手里嘛），就让夏皮皮心惊肉跳。更何况，每天从一睁开眼睛到闭眼睡觉，从家里到学校，都在爸爸的眼皮底下生活，这还有个人空间吗？ 不行，一定要想想办法。

眼看暑假快结束了，夏皮皮郑重决定，要向爸爸提出严正交涉，不许到六年一班来当数学老师！

爸爸正在书房忙着查资料，看样子是在为新学期的课做准备。夏皮皮留意了一下桌面上的课本，正是小学数学六年级上册！

看来刻不容缓了，夏皮皮咳嗽了一下，坐到爸爸对面：“爸爸，我们能不能来谈判一下？”

“哦？谈判？”这个词一下子吸引了爸爸的注意，他把手里的书放下，感兴趣地看着夏皮皮：“谈什么呢？”

“你能不能不要在六年级当数学老师？实在不行，能不能不要到我们六年一班来。”

“为什么呢？那样咱们不是更亲密吗？还可以促进父子感情呢。”爸爸看来不以为然。

“肯定会破坏父子感情呢！你要在我们班当老师，我考试考得好，或者得到什么表扬，班上同学肯定都说是你包庇我，不公平！如果那样的话……”

“那样怎样？”爸爸追问。

“那我只好跟你对着干，免得同学们误会我！”夏皮皮干脆摊开底牌。

爸爸倒吸了一口气，抓抓头皮说：“哎呀，看来还真是难办……”

爸爸变成数学老师的概率

想了一下，爸爸神秘地对夏皮皮眨眨眼说：“我们来计算一下，六年级一共有6个班，我教你们班的可能性有多大？”

“啊？对了，五年级时我就学过可能性的大小，好主意！”夏皮皮口算起来，“一共6个班，我们班是其中之一，那么你教我们班的可能性就是$1\div6=\frac{1}{6}$，六分之一！可能性还挺大的……”

“别急，”看夏皮皮担心，爸爸又说：“咱们学校有30位数学老师，我只是其中一个，要我到你们班教数学，要同时发生两件事才行。”

“哪两件事？”夏皮皮不明白。

“要校长从30位数学老师中选中我去教你们年级，再从你们年级的6个班中选中你们班，我才会到你们班当数学老师嘛。”爸爸解释说。

“哦。”皮皮明白了，又追问，“那这种两件事情同时发生的可能性要怎么算呢？”

“其实不管谁先谁后，两件事都发生的可能性就等于这两件事各自发生的可能性的乘积。”看夏皮皮在认真听，爸爸又补了一句：“这就叫作乘法原理。”

“那我算一下。”虽然夏皮皮做作业一向是拖拖拉拉的，但这是关系到切身利益的大事，他还是迅速演算起来，“六分之一乘以三十分之一，约等于0.167乘以0.033，也就是0.00555…，这是多少？”

夏皮皮歪着脑袋端详着，爸爸也不催他，反而饶有兴致地看着。

“0.01是百分之一，哈哈，0.00555…连百分之一都不到，只有两百分之一多一点呢。”夏皮皮高兴起来，“爸爸，要是选中你教我们班，那简直是百里挑一呢。”

“对啊，这种可能性不是很低吗？你着急什么呢？”爸爸把手一摊。

夏皮皮点点头，咧开嘴笑了。

夏皮皮又变得开心起来。

开心的日子总是过得很快，转眼要开学了。爸爸已经去学校开报到会了，不知道为什么，老师总是要比学生早一天到校。夏皮皮一直怀疑这是不是为了方便校长和老师们开会商量怎么对付学生，可惜爸爸一直不说这个报到会是干什么的。

但是这次，他终于知道了。

可能性很小的事情发生了

门铃叮咚，夏皮皮放下手里的玩具跑过去开门，是爸爸开完报到会回来了。

他还没放下手里的包，就笑着对夏皮皮说：“儿子，看来咱们家的运气不错！”

“啊？是你在会上抽奖抽到iPad了吗？”拥有一个iPad一直是夏皮皮的梦想。

“玩游戏方便！”夏皮皮说。

可惜的是，“玩游戏方便”也是爸爸不肯买给他的理由。

“又不是过年，抽什么iPad。”爸爸很神秘地说，“比这个还难得呢。”

“那是什么？”

“我下学期教的正好是你们六年一班，哈哈。”爸爸兴致勃勃地说。

“啊？不是说可能性很小吗？”夏皮皮傻了眼。

“对啊，是很小，可是别忘了我告诉过你一个数学道理——可能性很小的事件也是会发生的。”爸爸看起来很高兴，“你想想，你们年段6个班，有4个班都是原来的数学老师跟上去，所以选中你们班的可能性是二分之一啊。”

“不是还要从30位老师中选你吗？”夏皮皮追问。

“但这些老师有的长期教一二年级，有的长期教三四年级，再去掉生病的、请假的，校长可选的人也只有4位数学老师啦。”

“啊？那这样可能性不就从两百分之一变成八分之一了？”

“对啊，不过校长并不知道你在这个班，他也是随意选的。看来咱父子还是蛮有缘分的哦。当然，这个缘分是不科学的说法，应当说虽然可能性小，但它还是这么发生了。”虽然爸爸的拿手好戏就是把数学和生活联系在一起，可是夏皮皮一点儿也高兴不起来。

他预感到，小学的最后一年将是不平常的一年，许多故事，即将上演。

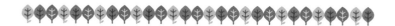

夏皮皮请你练一练：

假如你所在的年级有 5 个班，而学校有 20 位数学老师可能来教你们年级，那么你最喜欢的那位数学老师正好教你们班的可能性有多大?

答案：最喜欢的老师正好教你们班，要想实现的话，必须选中你们年纪和选中你们班这两件事同时成立才行，所以可能性就等于这两件事的可能性的乘积，也就是 $\frac{1}{5}\times\frac{1}{20}=\frac{1}{100}$。你觉得这个可能性是大还是小呢?

02

夏老师的3倍数魔法

新数学老师来了

开学了，第一节数学课，老师果然是夏皮皮的爸爸，哦，不，现在应该叫夏老师了，他笑眯眯地走进了六年一班。

夏老师理个平头，戴着眼镜，如果仔细观察的话，准能看出他和夏皮皮长得挺像的。

他环视了一下全班，班级里的同学都坐得笔直，老老实实地看着他。大家还摸不清新老师的底细，谁也不敢贸然行动。

夏老师说：“同学们好，我就是咱们班的新数学老师。很高兴能够和大家一起畅游数学的神秘花园，度过快乐的毕业班时光。首先还是来个自我介绍吧，你们之前认识我吗？”

潘奔奔一向是班上胆子最大的同学，他站起来说：“我知道，您是我们班夏皮皮的爸爸。”

“对呀，看夏皮皮，就知道我的数学教得有多好了。”夏老师开起了玩笑。

“但夏皮皮还没考过100分呢。”既然老师爱开玩笑，潘奔奔的胆子也大了起来。这句话让他赢得了夏皮皮的一记白眼。

“学无止境嘛，所以，接下来我要亲自教他，当然也包括你们了。”

“那他肯定能轻轻松松得100分了。”和夏皮皮隔着一个过道的程飞翔在座位上小声嘀咕，不过大家都听得出他指的是什么。

这正是夏皮皮最担心、最不希望出现的情况，可是偏偏有个当数学老师的爸爸，又偏偏在这个学期教自己，夏皮皮还能说什么呢，只好冲全班同学苦笑了一下。

神奇的3倍数

夏老师不想继续下去，换了个话题：“上一个学期我们学习了不少知识，其中就有2、3、5的倍数的特征，谁能说说3的倍数的特征？”

“一个数如果各位上的数字的和是3的倍数，那么这个数就是3的倍数。”回答问题的是班长丁思雨，声音响亮清脆，赢了夏老师赞赏的目光。

他接着问：“随便写一个数字，一定是3的倍数吗？”

“当然不一定。”

“一个数不够有趣，让我来变一个魔法，让大家体会一下数学的奇妙。我先在小黑板背面写一句咒语，接下来随便哪个同学在上面写4个数，我都能让其中两个数的差正好就是3的倍数！”夏老师神神秘秘地说。

“是吗？不可能！”同学们都觉得不可思议，随便写的数字，怎么可能这么正好？

潘奔奔一马当先，上台写了4个数字：

298、35、122、79

夏老师只瞄了一眼，就把其中的122和35圈了出来，然后在黑板上写出两个算式：

122－35＝87

87÷3＝29

好像是训练过一样，班上同学“哇”的一声。大家纷纷议论起来，觉得还真是不可思议。

有人埋怨起潘奔奔来：“你写的数字太正好了！”“数字太小！”

又有同学写了4个大数：

124135、1368、32582、238741

夏老师仔细地看着这4个数，嘴里还念念有词。不一会儿，他就圈了238741和124135这两个数，然后又继续写：

238741－124135＝114606

114606÷3＝38202

潘奔奔佩服地说：“夏老师，您真是太神了！”

夏皮皮在心里笑了起来，这个数学游戏爸爸和他玩过，道理也和他说过，是因为……正在这时候，丁思雨站了起来，说：“老师，我知道其中的道理了！”

她发现这个数学魔法的秘密了吗？

为什么随便写出4个数字，其中一定至少有两个数字的差是3的倍数呢？

丁思雨是班长兼数学高手。其他同学在课堂上遇到问题总是要想了又想，觉得万无一失了才举手。可惜这样做

的结果往往是等你举手时，正好听到老师说：“请XXX同学回答。”然后听他把你心里想的说个精光，只好捶胸顿足，后悔自己举手太迟。而丁思雨觉得想说就说不怕错，这反而使她的数学成绩一直保持领先。

她解释说：“我在想为什么夏老师要我们写4个数字。这肯定就是关键。然后我发现每个数字除以3，余数只有3种情况：一种是没有余数，那就是整除；另外两种是余数为1或者余数为2。所以只要写出4个数字，不管怎样，肯定至少会有两个数被3除后的余数是一样的，那么这两个数的差就正好是3的倍数。”

夏老师高兴地点点头："思雨同学解释得非常好，她注意到了要写出4个数字这个关键点，而且也发现了要从余数上来观察。"

虽然夏老师觉得高兴，但是班上还是有一些同学稀里糊涂的没听明白。夏皮皮看看左前方的肖施文，她可能是班上数学学得最吃力的女生，果然一脸茫然。

夏老师也注意到了这一点，他继续说："在数学课上回答问题，除了像丁思雨这样，解释其中的道理，还可以用具体的例子来说明，这样大家会听得更明白。刚才这个问题，谁能用潘奔奔举的这组数字来解释一下？"

他环顾了一下教室，虽然举手的人越来越多，但他还是把期待的目光落在潘奔奔的身上，说："奔奔，还是你自己来吧？"

潘奔奔吓了一跳，别看他胆子蛮大，但是在数学问题面前，他向来是"文明谦让"的楷模。不过这次是被夏老师亲自点将，他只好边看着298、35、122、79这4个数字边解释起来："298、35、122、79除以3，余数分别是1、2、2、0。那么35和122除以3的余数正好一样，都是2。它们相减，正好把这余数2减掉，得到的87就是3的倍数了。"

“很好！”夏老师带头鼓起掌来。

“在解不出题、找不到思路的时候，动手算一算、画一画，会很有帮助。”话锋一转，夏老师说，“接下来，请大家看看我在小黑板背后写的数学咒语是什么。”

他把靠在粉笔槽上的小黑板转了个面，展现在大家面前的是4个字：抽屉原理！

抽屉会有什么数学道理呢？

大家的兴致再次被夏老师提了起来。

一看“抽屉原理”4个字，程飞翔就嚷嚷起来：“我知道，我知道，我在奥数书上看过呢。”夏老师一听，知道又发现了一个数学宝贝，相当高兴。

夏老师在黑板上画了3个正方形，然后说：“就把这看成3个抽屉，你来解释一下什么叫抽屉原理。”

程飞翔走上台来，他找了个粉笔头，说：“举个例子，比如我们要把4支铅笔放进这3个抽屉里，那么显而易见的是，至少会有一个抽屉里有2支铅笔！我来画一下。”

他在3个正方形里各画了1支铅笔，又在旁边画了一支铅笔。

然后他指着正方形外面的铅笔说：“无论把这支铅笔放

进哪个抽屉里，都会让那个抽屉有2支铅笔。所以结论是，至少有一个抽屉会有2支铅笔。”

夏老师朝他竖起了大拇指，说：“非常好，画画也很棒哦，看来你是我们班上的人才呢。”

程飞翔在大家羡慕的目光中走下讲台，还得意地朝夏皮皮看了一眼，仿佛在说：“怎么样？你爸爸在夸我呢。”

坐在后面的董尚可是夏皮皮从小玩到大的死党，把程飞翔得意扬扬的样子看得一清二楚。他准备帮夏皮皮扳回一局：“这个抽屉原理和刚才那3的倍数有什么关系？我可一点儿也没听明白呀。”

夏皮皮和他配合默契，连忙举手说：“我想解释给大家听听。”

夏老师对儿子的积极发言当然没意见，于是夏皮皮也走上讲台解释起来：“丁思雨刚才说过，一个数除以3的余数，只有3种情况，分别是0、1、2，我们可以把它看成3个抽屉。”他说着，在3个正方形里分别写下0、1、2。

“你写的3个数字正好是3种情况中的一种，也就相当于每个抽屉里只有1支铅笔，那么第四个数字除以3的余数就相当于第四支铅笔，它只能属于3种情况中的一种，也就是说，必须放在一个抽屉里。大家看图就会明白，它一定会和刚才某个数除以3的余数相同。那么这两个数相减的差，除以3就不再有余数。换句话说，它们的差是3的倍数！”夏皮皮连讲带比画，把程飞翔画的图也用上了，数字图形相结合，大家频频点头。

夏老师显然还没想好在学校里怎样表扬自己的儿子，不过还是赞许地拍了拍他的头。夏皮皮高兴地冲董尚挤挤眼睛，也在大家的掌声中坐回了座位。

掌声刚落，夏老师就接着问：“咱们班有55个同学是吧？那么至少会有多少个同学在同一周过生日呢？又至少会有多少个同学在同一个月过生日呢？大家在四人学习小组里聊聊。”

“哇！谁是那个和我同年同月同日生的有缘人呢？”潘奔奔激动地跳了起来，冲着旁边的几个女生问，“是你吗？是你吗？是你吗？”

“是！你！妈！”夏皮皮的同桌邱小蝶可不是好欺负的，一句话就把潘奔奔给顶了回去，还引起了哄堂大笑。

从大家激烈的讨论中可以看出，同学们第一次发现，原来数学问题也能这么有趣，而下课的铃声，似乎有点儿讨厌呢。

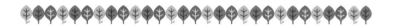

夏皮皮请你练一练：

现在，我“随便”请了4个同学，“随便”写了4个数字：2020、641、666、233，你能看出哪两个数的差正好是3的倍数了吗?

答案：先分别写出这4个数除以3的余数，注意这里也有小妙招，因为我们只要知道余数是多少，所以把各数的数字之和除以3就可以了。例如2020的数字和是2＋0＋2＋0＝4，所以只要算4÷3，就能知道余1。这4个数除以3的余数分别是1、2、0、2。641与233除以3的余数都是2，所以641与233的差一定能被3整除。检查一下吧，641－233＝408，408÷3＝136。果然能整除！

03

老师教招，居然是“抄”

麻烦的方程

开学才几天，快乐小学六年一班的同学们就疯狂地爱上了数学课。

他们发现，夏老师上课最大的特点就是非常幽默风趣。在以前，每一节数学课，都是潘奔奔、董尚这些对数学不“感冒”的同学打瞌睡的大好时光。

潘奔奔摇头叹息着说：“这数学课呀，被夏老师一上，耳边全是一阵阵的笑声和掌声。最可恶的是，我的同桌还乐得猛拍桌子。你想想，如果这时候我的耳朵正贴在桌面上，那是什么下场？”

夏老师数学课的魔力还在向课外延伸。他在数学课堂上说过的一些话，总是很快就在班上流行起来。

比如，前几天的一堂练习课上，大家正在埋头解方程……

“你的姐呢？”“你的姐呢？”“你姐呢？”“你姐呢？”

教室里一片寂静，然后突然爆发出一阵笑声。

夏老师很不好意思地挠了挠头，笑着解释说：“我说的不是你们的‘姐姐’去哪儿了，是说方程下面的‘解’字去哪儿了。”

那些没有写“解”字的同学趁机抬起头来，纷纷“大方”地表示：“没关系，没关系。”“看在老师这么诚恳的份上，我们原谅你了……”

夏老师故意把脸一板，哼了一声：“还原谅我？你们搞搞清楚，我都讲了多少遍了，只要看到方程，就要先写‘解’。结果今天一看，昨晚的作业全班有三分之二的同学还是漏写了！呔，尔等该当何罪？”

说着说着，夏老师情不自禁地用三角尺在讲台上一拍，唱起戏文来。

董尚嘀咕说：“这解方程也太麻烦了，解题不算，还要写一大堆东西。要写‘解’字，要写‘设句’，列了方程还要两边同加同减，同乘同除，真是吃饱了撑的没事干啊。”

夏老师耳朵很尖，瞪着眼睛问：“是这样的吗？”

董尚连忙闭嘴，可是全班同学却都跟着点头：“是呀，真麻烦，麻烦，麻麻麻麻烦烦烦。”

夏老师想了一下，说：“看来大家没有体会到方程的优点。这样吧，再看一道题。”

他在黑板上写道：

哥哥和弟弟一共有30元钱，弟弟的钱比哥哥的2倍少12

元。哥哥和弟弟各有多少钱？

然后问："会用算术法解这个题的举手！"全班应者寥寥。

夏老师哈哈一笑："我就知道是这样。不过我们接下来用方程法试一试。我告诉你们，用方程解决问题的技巧就是一个字！你学会了就能用方程解决绝大多数问题啦。"

"抄"出来的方程

"啊？只要一个字？"大家的眼睛都亮了起来。无论哪个同学，对这种可以偷懒的"好事"都是不会错过的。

潘奔奔催促说："老师，您快说吧，到底是哪个字？"

夏老师哈哈一笑，在黑板边上写了个大大的字——抄！

"啊？"大家一看，倒吸了一口凉气，又纷纷摇头，大笑起来。没有人相信，老师会教学生用"抄"的方法做作业，这肯定是个陷阱！

潘奔奔不好意思地说："夏老师，您不是在讽刺我吧？其实我只有在不会做的时候才参考一下丁思雨的。"

丁思雨尖叫起来："难怪每天一到学校，你就说要帮我交作业，原来是在半路捣鬼。"

潘奔奔却脸不红心不跳地说：“谁让你是班长呢，班长要帮助落后的同学，这是你的责任。”

“好的，打住，不要跑题。”夏老师指挥着大家，“翻开本子，先一起写个‘解’字。你们跟着我‘抄’就行了。”

“太好了，我擅长这个。”潘奔奔情不自禁地说。

大家在笑声中写好“解”字后，夏老师又说：“这次我们把设句简略一些，在‘弟弟’下面写个x，那么‘哥哥’下面写什么？”

“$30-x$。”许多同学接口说。

夏老师满意地点点头：“对，那请你们把这句抄下来。‘弟弟的钱比哥哥的2倍少12元’。还记得吗，我们把这样表示两个数量之间的关系的句子叫作什么？”

“关键句。”大家齐声回答。

“为什么叫关键句？”

“废话，当然是很关键才叫关键句。”夏皮皮嘀咕了一句。

“不是每一个句子都可以叫关键句的。”夏老师模仿了一句广告词，“在这句话中，我们能够看到弟弟和哥哥之间的关系，换句话说，讲数量关系句子的才是关键句。”

看到大家频频点头，夏老师又接着说："然后我们接着把这道题'抄'成式子。'弟弟'，抄成'x'；'比'，抄成'＝'；'哥哥'，抄成'$30-x$'；'的2倍'，就抄成'×2'；'少12'，可以抄成'－12'。现在你们读一读我们写了什么。"

"$x=(30-x)\times2-12$。"大家异口同声。

"Bingo！列方程成功！"夏老师来了句英语，"怎么样？方程容易吧？"

"啊？这样方程就列好了？""简直还没开始想这道题呢。"同学们纷纷表示不可思议。

"是的，这就是方程的好处。只要从题中的关键句开始，一路'抄'下来，很自然地就列出方程了。"夏老师停了一下，又补充说，"要知道，如果一道题有8分的话，你们已经到手4分了哦。"

"哇！"在同学们的想象中，这4分就像是天上掉下来的4个大肉包，真是得来全不费工夫呀。

潘奔奔更是大叫："太爽了，我的'抄'技终于有用武之地啦！"

"打住，打住！"夏老师连忙说，"可不能到处说我让你们‘抄’作业哦。要知道，我是让你们从题目中找关键句，从关键句中‘抄’出方程来。”

丁思雨站起来发言：“其实我倒不觉得方程麻烦，多写几个字没关系。写作文的时候还要写上一大堆字呢，列方程比写作文要写的字少多了。”

“确实，列方程容易，但解起来难呀！”程飞翔又代表大家提出了新的疑问。

此问一出，可以明显地感觉到夏老师的额头上挂上了几条黑线。

“唉，你们也太得寸进尺了。”夏老师摇着头，“列方程的时候容易，解方程的时候费点劲，这不正说明老天爷很公平吗？如果让你在列式正确计算错误和列式错误计算正确中选一个，你选什么？”

“那当然选列式正确了，如果式子都列错了，计算对有用吗？”张灵栋心直口快，说出了大家的心里话。

夏老师满意地点点头，说：“至于解方程的技巧，我会教你们三招：‘金蝉脱壳’‘就地正法’‘拔河比赛’。”

“啊，真好玩，到底是什么？”大家纷纷问。

“那就要下回分解了。”夏老师卖了个关子。

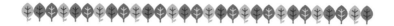

夏皮皮请你练一练：

说到“抄”这一招，潘奔奔最喜欢啦，听说这是他的“童子功”。咳咳咳，我就不揭他的短了。如果潘奔奔的数学成绩加 250 分以后，比夏皮皮的 3 倍还多 15 分，潘奔奔的成绩用 x 表示，夏皮皮的成绩用 y 表示，那么两人成绩之间的数量关系怎么“抄”成一个方程呢？

答案：写成方程就是$x+250=3y+15$。不过听说夏皮皮这次的数学成绩可是95分呢，这么一算，那潘奔奔的成绩不就只有可怜的……半百了吗。哈哈哈哈！

04

把它们“就地正法”

错误百出的家庭作业

听夏老师的课越久，同学们也就越坚信，夏老师掌握着许多神秘好玩的数学方法，谁要是能把它们都学到手，那么数学考试一定能得高分。

“看起来是这样，不过……”张灵栋提出了一个疑问，“为什么夏皮皮的数学成绩不怎么样呢？”

“对啊。”程飞翔也跟着起哄，“难道……难道夏皮皮是夏老师从外面捡回来的？名字就是证明，‘夏皮皮’‘虾皮’，一点儿也不起眼。”

“你们！”夏皮皮正要生气，一想自己的数学成绩确实很一般。要不是现在大家都知道他是夏老师的儿子，自己还真不好意思四处嚷嚷老爸教数学。

“你们别看不起人，夏皮皮以前是没有用心学数学，现在每天晚上夏老师盯着他做数学作业，不用多久，成绩肯定超过你们。”还是死党董尚替他打抱不平。

“那倒是，不光是我的作业，我还知道你们的作业做得怎么样呢。”夏皮皮神态和缓下来，卖了个关子，“今天这节课，我爸爸……哦，不，夏老师就要点评你们昨天在课堂上做的那些解方程的练习啦，等着吧，有不少同学要出丑了。”

“啊？是吗？”“出丑的有我吗？”“我的作业错得多吗？”不光张灵栋和程飞翔紧张起来，旁边的邱小蝶也凑上来问。

肖施文更是紧张地说：“完了完了，我的方程都是乱做的，肯定错了一大堆，夏老师第一个就会拿我的作业开刀，真是丢死人了。”

话音刚落，上课铃声响了。

夏老师拿着一大沓作业，眉头紧锁地走进了教室。

师生问好后，夏老师环顾了一下全班，一句话都还没说，就先叹了一口气，这下大家更紧张了。

夏老师转过身，在黑板上写下了一行字，大家一看，这不正是昨天课堂练习中的一道方程题吗?

$x+4.1+3.9=18.8$

夏皮皮知道，这正是昨晚爸爸批改作业时，发现错得最多的一道题，做错的同学，也包括他……

想到这儿，夏皮皮不由得暗暗庆幸，爸爸当数学老师也不全是缺点，起码他的作业就由爸爸督促着提前在家里订正了，免得在同学面前出丑。

果然，夏老师选择了几个练习本，通过讲台上的视频展示仪，投到了黑板旁边的屏幕上。

大家紧张地看着那几个练习本，既害怕错误最多的那个练习本正好是自己的，又心存一丝侥幸，班上数学差的同学不少，应该不会抽到我的。

肖施文已经害怕得用双手蒙住了眼睛。

夏老师见大家这么紧张，反而笑了起来。他展示的第一份作业是：

解：$x+4.1=18.8-3.8$

$x+4.1=15$

$x=15-4.1$

$x=10.9$

还是班长丁思雨最细心，她第一个发现了其中的问题，举起手来："这位同学是把题目中的3.9抄成3.8了。"

"哦，对呀！"同学们恍然大悟。

夏皮皮发现有几个同学偷偷地吐了吐舌头，看来抄错数字的同学还不止一个。

"这位同学倒是没有抄错数字。"夏老师边说边放上了第二个练习本：

解：$x=18.8-4.1+3.9$

$x=14.7+3.9$

$x=18.6$

"好像没什么错啊，把两边同时减掉4.1加3.9，不就相当于把4.1加3.9从左边移到右边吗？挺对的啊。"

"哈哈，看来你就是这么做的吧？"

"哪有，我只是随便说说。嘿嘿，随便说说。"

夏皮皮边听周围的同学议论纷纷，边琢磨着屏幕上的作业。突然，他有了发现！

夏皮皮正好听到爸爸在问："谁能看出这位同学是想怎样算吗？"他连忙举手。举贤不避亲，当班上举手的同学有点少时，夏老师还是愿意多给儿子一点儿机会的。

夏皮皮站起来说：“他是想把方程左边x后的4.1和3.9去掉，然后右边也去掉同样的数，这样使等号左右相等。”

“是的。”夏老师赞许地看了看儿子，“你看出了他的想法，但是哪里出错了呢？”

夏皮皮想了一想，说：“右边应该是18.8－4.1－3.9，这样才行。”

同学们也纷纷赞成。

“就地正法”解方程

夏老师却说：“明白了这一道题还不够，我们应当找出原因才能避免再出这样的错误。前一节课我们一起总结过，解较复杂的方程时要注意怎么做？”

“能算的要先算！”同学们异口同声地说。

“对，那么这道题要这样——”夏老师飞快地在黑板上方程中的“4.1＋3.9”下面划了条线，变成：

$x+\underline{4.1+3.9}=18.8$

“这两个数可以不可以先相加？”

“可以。”

“先加起来好不好？”

“好。”

“先加起来后，方程就比较……”

“简单。”

“根据是什么？”

“加法结合律。”

一连串的对话，让同学们的思考像启动了的动车，飞奔起来。

“所以，我们就应该把这两个数——‘就地正法’！”大家被夏老师猛然提高的声音吓了一大跳，随即又被“就地

正法”这个好玩的说法逗笑了。对啊，夏老师上节课说过，解方程的技巧有三招：“金蝉脱壳”“拔河比赛”，还有一个就是“就地正法”。

“不管人、货物还是数字，长途运输都很容易出事。”夏老师侃侃而谈，“第一个同学，他在从上一行往下一行‘搬’数字的时候，抄错了数字。第二个同学呢，则是从等号左边向等号右边搬数字的时候，搞错了数字前面的运算符号。”

说得激动，夏老师干脆离开讲台，走了下来，掰着手指头，边数边说：“我考考你们，《水浒传》里林冲被发配，在什么地方被鲁智深救了？”

“野猪林呀。”程飞翔是班上最喜欢阅读的男生，对《三国演义》《西游记》《水浒传》这几本名著了如指掌。

“对。”夏老师冲着程飞翔竖起了大拇指。在夏皮皮“羡慕嫉妒恨”的目光中，程飞翔得意扬扬地坐下了。

夏老师继续发挥：“长途押送，犯人有可能被绿林好汉劫走；海鲜、蔬菜长途运输，途中有可能变质、发臭。所以说呀，路途远了，变数也大。同学们，方程中如果有能先算的，一定要……”

“把它们‘就地正法’！”全体同学一起响亮地回答。

据隔壁班的同学说，那天只要靠近六年一班，就会感受到一股“杀气”。

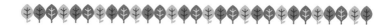

夏皮皮请你练一练：

我从课本上找到一个方程：$10\div2.5+(x-0.3x)=5.1\times20$，你能依据“就地正法”的原则把它解出来吗?

答案：“就地正法”的秘密就是方程等号左右两边能算的都应当先算，然后再考虑根据“等式的性质”变化的事。所以解这个方程，下一步应该是得到$4+0.7x=102$，然后是$0.7x=98$，进而算出$x=140$。

05
全班钻进长方体

“盒子内部游”入场券

“爸爸，你在做什么呀？”夏皮皮风风火火地推开书房门。既然客厅、卧室里都没看到爸爸，那么他一定在书房里读书或是备课。

“咦，这是什么？带你钻进长方体！”夏皮皮好奇地读着爸爸摊在书桌上的一张海报。海报上方用大大的美术体写着这句话，下面还画着许多孩子跟在一个大人后面，往一个盒子里走去……

等等，盒子？夏皮皮仔细一看，果然，这不就是昨天爸爸在数学课上要求同学们今天带去的长方体纸盒子吗？

夏老师刚布置完这项作业，大家就嚷嚷开了。

董尚说："正好，我家刚买了一盒牙膏，牙膏盒子还在呢。"

邱小蝶说："我妈妈买的化妆用的圆镜子，那个纸盒子从上面看是正方形的，但它是个扁盒子，我觉得它也是个长方体。"

董尚连连点头说："当然是啦，我的牙膏盒也有两个相对的面是正方形。"

夏老师笑着说："都可以，只要是长方体就行。其实大家想一想，家里长方体形状的纸盒子是非常多的。"

看来这是一项非常简单的作业，同学们轻松地记下了。

"皮皮，你一到班级，就帮我把这张海报贴在教室后面的黑板上。"爸爸的话把夏皮皮从沉思中拉了回来。

他拿起海报，好奇地问："钻进长方体？爸爸，这是什么魔法呀？"

爸爸得意地说："什么魔法？你没听说过有一种魔术叫'大变活人'吗？"

夏皮皮不相信："可人家一次只变一个人，咱们班有55个人，你怎么带这么多人钻进这么小的长方体盒子里呢？"

"这个嘛，暂时保密！"爸爸神秘地说。

果然，海报一出，江湖，哦，不，六年一班沸腾了。据说，夏老师让大家今天带来的纸盒子，将成为“盒子内部游”的入场券，那几个平时大大咧咧、丢三落四的同学可就紧张了，纷纷打电话让爸爸妈妈送纸盒子来。

第一节课的铃声刚响，夏老师就走了进来。可是，他手里什么盒子都没带呀。

同学们暗暗猜想：“大概是准备从我们手里挑一个纸盒子吧，真希望是我的这个。难道我们班上有谁的纸盒子是《西游记》里的紫金宝葫芦或羊脂玉净瓶？只要夏老师高喊一声‘进去’，全班同学就‘嗖’的一声全进去了？”

“今天我们要学习的是认识长方体……”说着，夏老师习惯性地去讲台上拿粉笔，准备板书。手一伸，却拿了个空。

“咦？粉笔盒哪儿去了？”夏老师环顾四周，突然想到什么，笑了起来，“好的，请大家把带来的长方体纸盒子都拿出来摆在桌面上吧。”

一时间，全班的桌面上“琳琅满目”，有的大，有的小，有长的，有短的，更有花花绿绿的，不过大家一致认为它们有一个共同的名字——长方体。

夏老师直奔潘奔奔的座位而去，一把拿起他桌面上的纸盒子，说："哈哈，果然让我找到了。"

同学们一看，也笑了起来，那正是神秘失踪的粉笔盒！

夏老师对潘奔奔说："忘了带纸盒子是吧？这个送你也没关系，可是里面的粉笔去哪儿了？赶紧拿出来吧。"

潘奔奔哭丧着脸从抽屉里掏出一个纸包，说："拿不出来了，刚才我倒得太急，全碎了。"

全班哄笑。

夏老师无可奈何地摇摇头，挑了一根看起来还算像样的粉笔，然后就着潘奔奔手里的粉笔盒给大家讲起长方体的结构来。

讲着讲着，大家觉得夏老师好像是在说绕口令。在夏皮皮眼里，爸爸此时又变成了一位单口相声演员。

光是“长方体每个面都是长方形，特殊情况下有两个相对的面是正方形”听起来就够让人迷糊的了，再加上6个面、12条棱、8个顶点，还有各种面积：表面积、侧面积……对了，各个面的面积还要区别上面、下面、左面、右面、前面、后面、侧面。听起来真是“眼花缭乱”！

“幸好长方体上没有拉面、拌面、方便面！”潘奔奔已经从粉笔事件中恢复过来，他的话又引起了大家的开怀大笑。

“有点晕了吧？”夏老师用手托着纸盒子，神神秘秘地对同学们说：“我们已经从外面观察了长方体，那么大家想不想钻进长方体里面，看一下长方体里面是什么样的？”

悄无声息钻入长方体

此话一出，就像往油锅里倒了一杯水，全班顿时喧闹起来。

作为班长，丁思雨代表大家说：“早读课前夏皮皮贴了那张海报，大家都很期待呢。”

“我们都等着看你的笑话……哦，不，看你的好戏，也不是，看你的精彩表演呢。”潘奔奔大概是太激动了，都有些不会说话了。

程飞翔考虑问题总是细致周到，他率先提问：“夏老师，我们的个子这么大，怎么可能钻进这么小……比笔盒大不了多少的长方体里呢？”

夏老师没有正面回答他，而是呵呵笑着，说：“对呀，神奇就神奇在这里。相信我，我一定会带你们一起钻进长方体里面的。来，大家都闭上眼睛，等我数到3再一起睁开！”

大伙儿觉得真有意思，都闭上了眼睛，胆小又老实的肖施文把头都埋进了臂弯里。

夏老师一顿一顿地大声数着：1……2……3！

夏老师的3刚出口，同学们都迫不及待地睁开眼睛，往四下看……

咦？

同学们伤心地发现，自己原地不动，还好好地坐在座位上。

正当大家都在用困惑、质疑甚至是愤怒的眼神看着夏老师，准备向他“开炮”的时候，张灵栋大叫一声：“啊！”

同学们吓了一跳，难道张灵栋被吸进了夏老师制造的“魔法盒子”？

大家纷纷转头看去，他说出了后半句话："上当了！我们本来就在长方体里面！"

在一片议论声中，夏老师也笑着开口了："瞧，咱们现在是不是在长方体里面？"

"没有呀，哪里有？"有的同学转来转去地看，摸不着头脑。

程飞翔已经反应过来了，他叫起来："没错，咱们教室就是一个长方体！"

夏老师冲他点点头，说："正解！"

同学们不约而同地发出一声"切"，表示藐视这种"拍马屁"的"圆谎"行为。

丁思雨却站起来说："没错，刚才夏老师说的是让大家都钻进长方体里，可没说钻进长方体纸盒子里嘛。"

大家一想，果然是这样的。

夏老师接着说："你们三个都说对了！咱们平时就生活在长方体里，生活中处处有长方体。接下来，就请各位旅客跟随本导游的脚步，在长方体内部好好观察一下吧。你们看，头顶、脚下、左边、右边、前面、后面，这不就是6个面吗？再看这条、这条、这条……你们看到12条棱了吗？另外，你们看到8个顶点了吗？哦，那个顶点黑乎乎的，看来是被蜘蛛先生抢先一步占领啦！”

“哈哈哈哈！”

“没错没错，在长方体‘里面’看还真有趣呢。”

“现在，我随手指一个面，你们能说出怎样求它的面积吗？来，让我们对口令吧！”

“前面的面积？”“长乘以高！”

“左面的面积？”“宽乘以高！”

“上面的面积？”“长乘以宽！”

“棱长总和？”“长加宽加高的和，再乘4！”

就这样，六年一班的全体同学在夏老师的带领下来了个难忘的“长方体内部一课游”。

夏皮皮请你练一练：

看了我们班的数学魔法课故事，你一定明白了“教室就是长方体”的道理了吧？现在我想请你想一想，如果已知长方体的长、宽、高，求前后左右 4 个面的面积的和，除了分别求出再相加之外，还可以怎么解决呢?

答案：这4个面合起来并展开，其实就是一个长方形。这个长方形的长是教室底面的周长，也就是“（长+宽）×2”；宽就是教室的高。因此这4个面的面积的和，可以等于“底面周长×高”或者是“（长+宽）×2×高”。是不是感觉这样计算更方便了呢?

06

神奇的“数学”放大镜

古香古色的放大镜

课间，夏皮皮喜欢和董尚一起玩。董尚常常带一些新奇的玩意儿到学校来“研究”，这也就成了他们俩的课间保留节目。

今天，董尚带来的是一个放大镜，外形很精致，黑檀木的长柄，透明无瑕的镜片，搭配在一起，透着一股优雅。夏皮皮一看眼睛就亮了，流着口水问：“哇，哪里来的这么漂亮的东西？”

“这是我爷爷集邮时用的，他可宝贝了呢，是我偷偷拿出来的。”

两人在走廊上用放大镜观察开了，先是仔细看了柱子下面的一个疑似蚂蚁洞口，又深入研究了一朵掉落到地上的白玉兰花。他们把环绕成三层的九个花瓣全掰下来，分类摆好，又用放大镜仔细看雄蕊和雌蕊。夏皮皮惊奇地发现，雄蕊是淡粉色的，雌蕊是绿色的。“原来不光叶子是绿色的，花蕊也有绿色的！”

“用放大镜看东西还真是不太一样。”董尚突发奇想，试着用放大镜看远处，只能看到模糊的一大片，直到——从放大镜里看到了一只大眼睛。董尚困惑地歪了歪脑袋，这才惊奇地叫起来：“夏老师！”

凑到他面前的，正是来上下一节数学课的夏老师。董尚

回头一看，夏皮皮早已溜之大吉了，看来夏老师对他来说有双重压力。

“看起来有年头了呢，哪儿来的？”夏老师问。

“哦，是偷……呃，是透明的放大镜。”董尚差点说漏嘴了。

“哈哈，放大镜当然是透明的了，不透明的那是镜子。”夏老师笑了，摸摸董尚的头，“收起来吧，上课时不能拿出来玩哦。”

夏老师的警告很有先见之明。董尚觉得课间玩得实在不过瘾，上课才一会儿，就意犹未尽地把放大镜拿出来，偷偷观察自己的课桌。还真别说，非常有收获，他在抽屉里发现了自己去年粘在里面的一块口香糖，现在已经和木板浑然一色了，要不是用放大镜，还真看不出来。

据说牛顿研究数学时忘记了吃饭，而董尚在课堂上专心“研究”时，也忘记了夏老师。直到一只大手伸过来，他才猛然抬头，只看到夏老师呵呵一笑，拿过放大镜转身回到讲台。

夏老师打量了一下手里的放大镜，说：“看来董尚很有研究精神。放大镜确实是个很好玩的东西……”

董尚舰着脸说："既然人是好人，东西是好东西，那老师您就把这个好玩的东西还给这个好人吧。"

神奇的数学放大镜

夏老师却话锋一转："不过，你们知道吗？数学上的放大镜更神奇呢！"

"数学上也有放大镜吗？"潘奔奔跟着问。

"那当然了。"夏老师回答说。他又问董尚："你这个放大镜是多少倍的？"

"5倍。"

"嗤"的一声，夏老师不借助尺子，直接用粉笔在黑板上画了一条线段。"这是一条长1分米的线段，如果我们用这个放大镜观察它，它的长度会是多少？"徒手画直线可是夏老师的绝活，所以他不时要秀一秀。

"扩大5倍，变成5分米。"好几个同学一起回答。

"正确。接下来的关键问题是，我们这几天正在学习长方体和正方体，如果用这个放大镜观察一个棱长1分米的正方体，像我手中的这个粉笔盒，它的棱长也同样扩大了……"

"5倍。"更多同学一起回答。

“那它的表面积扩大了多少倍？”

“也是5倍！”其他同学这次没跟上，倒是董尚从失去放大镜的“悲痛”中挣脱出来，被夏老师的问题吸引住了。

“肯定不是。光看前面这个面的面积就不止原来的5倍呢！”夏皮皮觉得这样研究可比课间瞎玩有目的多了。

“计算一下吧。原来的表面积是1×1×6＝6平方分米，现在的表面积是5×5×6＝150平方分米，扩大了150÷6＝25倍。”丁思雨遇到数学问题总喜欢算一算。

“看来不是5倍，应该是5倍的平方！”董尚“从善如流”，算得挺快。这为他赢得了夏老师的赞许：“你说得很好。”

“那夏老师有没有什么奖励呀？”董尚边说边猛瞅那个放大镜，恨不得把视线弯成一个钩子，“嗖”的一下扔过去把放大镜钓回来。

“当然有奖励！”

夏老师的话让董尚大喜，正要说“谢谢老师”，却又听到夏老师的声音：“我就再奖励你一个问题吧。那这个正方体的体积又会怎样？”

“啊？我不要这样的奖励呀！”董尚几乎要“口吐白

沫”了，同学们却都觉得这个问题很有意思。

“扩大125倍。”程飞翔抢着说了答案，“数学上的‘放大镜’还真是神奇，把长度放大到原来的5倍后，面积放大的倍数是5倍的平方，也就是25倍；体积呢，正好是5倍的立方，就是125倍！”

“好吧，给董尚的奖励被大家抢了。本来是想让他回家好好想想，想出来了就可以来换他的宝贝放大镜了。”夏老师无奈地对着董尚一摊双手，表示爱莫能助。

董尚连忙站起来，对着全班同学直拱手：“求求各位兄弟姐妹了，请不要抢在下的‘篮板球’了，我还指望着回答问题，换回我家的‘祖传文物’呢。”

在大家的笑声中，夏老师又给了董尚一个新“奖励”，就是回家想一想：“数学上有放大几倍后却不变的东西吗？”

“在数学中，什么东西无论放大多少倍，大小都不变呢？”晚上，董尚在家里一边琢磨这个问题，一边担心爷爷打电话来找他，那肯定是爷爷发现了放大镜不在家里。

怕什么还真来什么，客厅里的电话响了。

“爷爷，我不是故意的……”董尚一拿起电话就抢着说话。

“就算你叫我爷爷，我也不能帮你从我爸爸那儿把放大镜偷出来。”电话里传出来的是夏皮皮的声音。

“原来是你呀。”董尚松了一口气，埋怨说，“都怪你，课间看到你爸爸来了，跑得比兔子还快，上课的时候就不灵了，他走过来也不提醒我一下。”

“嗨，你又不是不知道，我在我爸课上只能坐姿标准、认真听讲、‘呆若木鸡’，哪敢发什么信号提醒你呢。”

“哈哈，哪有拿木鸡来形容自己的，那不是说自己很傻吗？”董尚笑起来。

“跟你说要好好学语文吧。呆若木鸡原来的意思是最厉害的斗鸡。它只是看着呆，实际上有很强的战斗力。像木头一样沉稳的斗鸡根本不必出击，就令其他鸡望风而逃，是斗鸡的最高境界。”夏皮皮得意地炫耀起自己的“博学”来。

“你还是先别讲这些了，赶快帮我想想你爸爸的那个问题。”董尚说。

“对啊，我就是为这事打电话来的。”

这天晚上，夏皮皮和董尚在电话里嘀咕了不少时间。

那么，董尚第二天能够正确回答夏老师的问题，拿回自己的宝贝放大镜吗？

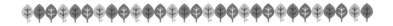

夏皮皮请你练一练：

数学放大的秘密，原来是面积扩大的倍数是长度扩大的倍数的平方，体积扩大的倍数是长度扩大的倍数的立方。那么如果 10 寸的比萨卖 10 元钱，那 20 寸的比萨卖多少钱？如果把这个问题中的比萨改成西瓜呢？

答案：注意“10寸”是直径，也就是长度。对于比萨来说，卖多少钱是看它的面积大小，因此当长度扩大2倍的时候，价钱应当扩大2^2＝4倍，即20寸的比萨卖40元钱。而对于西瓜来说，卖多少钱是看它的体积大小，应当扩大2^3＝8倍，即20寸的西瓜要卖80元。

中篇

数学课有魔力

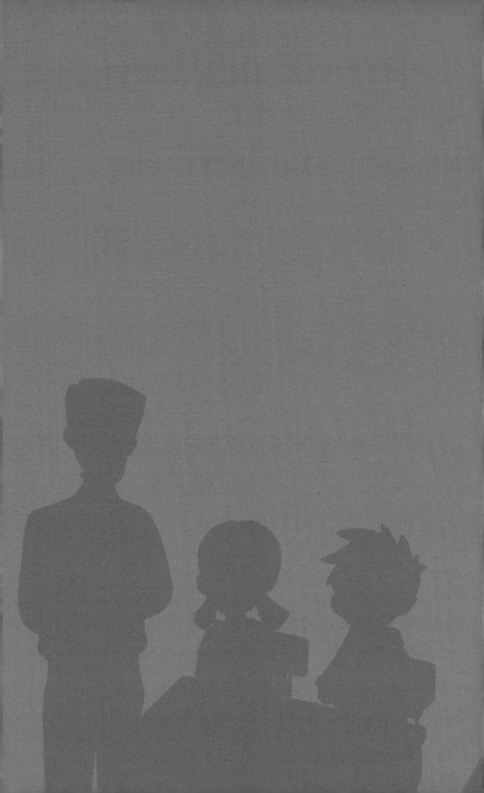

01

跟夏老师学打老虎

数学课前的悬念

在数学中，什么东西放大几倍大小却不变呢？

第二天，董尚的答案不但让夏老师，也让全班同学刮目相看。答案就是角的度数，因为无论用多少倍的放大镜观察一个角，只是边看起来变长了几倍，但是角的度数是不变的。

董尚的精彩表现为他赢回了宝贝放大镜，下课后他叹息着对夏皮皮说：“你爸爸真厉害，一个放大镜也能扯出这么一大串有趣的数学知识来，而且不动脑筋都不行。曹操是‘挟天子以令诸侯’，你爸爸当老师，那是‘挟放大镜以令董尚’‘挟玩具以令学生’呀！”

“去你的，你居然把我爸比作曹操？”

正说着呢，夏老师走了过来，问：“你们聊得这么热闹，说什么？”

“没什么，没什么……”两人不好意思地说。

“我可全听见了，好像说我是曹操……”夏老师用词严肃，脸上却是笑呵呵的。

“哪有的事。”夏皮皮说。

“就是借我一百个胆子也不敢呀！”董尚可是对昨天放大镜被没收的惨痛教训记忆犹新。

“跟曹操比我还差一点儿，不过跟武松比，我还是有把握的。”夏老师不动声色地说。

“啊？”不光董尚，连夏皮皮也惊讶得合不拢嘴。他从来没有把作为“教书先生”的爸爸跟“武艺过人”联系起来过呢。

“具体怎么回事，等会儿数学课上你们就知道了。”夏老师的这句话，为接下来的数学课带来了极大的悬念。

还有一位打虎英雄

“武松打虎的故事，你们听说过吗？”一上数学课，夏老师就问了同学们一个文学题。

当然听说过啦，同学们纷纷表示，问这么简单的问题，简直是看不起我们班。要知道，我们可是学校刚评出来的阅读明星班级呢。

邱小蝶还补充了一句：“这个故事是《水浒传》里的，而且我们的语文课本上也有呢。”

夏老师微笑着说：“对，武松打虎的故事出自《水浒传》，看来大家对四大名著很熟悉嘛。在《水浒传》这本书里，还有一个更厉害的打虎英雄，你们知道是谁吗？”

比武松还厉害？同学们都有点儿摸不着头脑，你看看我，我看看你，教室里一下子安静下来。

最后，还是林至聪打破了僵局。他犹豫着说了一声：“是李逵吗？”

“对！”夏老师肯定地说，“就是李逵，《水浒传》中的猛将，人称黑旋风，手使两把……”“板斧！”“斧子。”大家七嘴八舌地回答。

“答对了。那么用数学标准来看，他打死四只老虎，是不是比武松更厉害呢。”

肖施文却嘟着嘴说：“李逵好端端地打老虎干什么，还一下子打死四只，多可惜呀。”

看来有不少同学并没有看过这个故事，夏老师就让夏皮皮给大家讲一遍。当夏皮皮绘声绘色地讲到李逵发现自己的老母亲被老虎吃了，又伤心又愤怒地举着斧头去找老虎报仇的时候，大家的心里都难过起来。

夏老师一看气氛沉闷，就岔开话题说：“愤怒的李逵，而且又拿着武器，当然比赤手空拳的武松厉害了。不过还有一个你们没想到的打虎英雄，接下来让我们看看他是谁。屏幕上出现时，你们就大声喊出他的名字！”

看大家的注意力都被吸引住了，夏老师一点鼠标，屏幕上出现了一个笑嘻嘻的人，大家不假思索地叫起来："夏老师……"接着，全班都呆住了，好半天才反应过来，随即爆发出一阵惊天动地的"哈哈哈哈"。

夏老师一脸无辜，问："你们笑什么？"

潘奔奔站起来说："夏老师打虎我们没听说过，但我觉得拿您喂老虎还差不多。您的个子比我们大，可以让老虎吃得更饱，哈哈。"同学们虽然不像潘奔奔这么鲁莽，但听了他的话也个个直乐，看来大家都是这样想的。

打老虎的数学秘密

在大家的笑声中，夏老师慢条斯理地说："怎么不可能呢？如果是一只刚出生三天的小老虎呢？"屏幕上出现了一只很萌很萌的正在吮吸饲养员手里的奶瓶的小虎崽。

"啊！""好可爱！""好像我家的小猫咪呀。"同学们惊呼起来。

潘奔奔恍然大悟："原来您说的老虎才这么小呀，那您当然打得过它了。"

好几个女生一直摇头："啧啧啧。""好残忍！""怎么能欺负这么可爱的小老虎？”

一看影响到了自己的光辉形象，夏老师连忙解释：“当然这只是一个比喻，是我为了说明数学道理用的哦。你们想一想，为什么你们一开始觉得我肯定不可能打败老虎，现在又觉得我能打败这只老虎呢？”

同学们纷纷发言：“因为这只老虎小。”“我一开始还以为是大老虎，现在才知道……”

“所以啊，当一个难题变小的时候，也许它就没那么难了。如果你被一道数学题吓住了，那么穿越到它‘小时候’，说不定就能战胜它了。”夏老师的话，让刚才热闹的课堂安静下来，大家陷入了沉思。

夏老师举起数学上的例子来：“比如说，当一个分数的分子、分母比较大的时候，我们就要想到它能不能……”同学们异口同声地回答：“约分！”

“对，其实我们在整数除法中也可以用这样的办法。当被除数和除数都比较大的时候，可以尽量先缩小相同的倍数，如果数变小了，也就好算了。看，144÷96，等于几？你们知道吗？”夏老师问完，大家都老老实实地摇头，心里想：三位数除以两位数，怎么可能口算出来？

但夏老师却拿着粉笔，对这个算式“动起手来”：“看，我把被除数144和除数96同时缩小2倍，式子变成了72÷48；再同时缩小3倍，式子变成了24÷16；干脆再同时缩小8倍，式子就变成了3÷2。现在你们说得数是多少？”

“1.5！”同学们异口同声地说。

“数字变小的时候，多么……”“好算！”

“老虎变小的时候，多么……”“好打！”

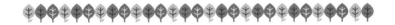

夏皮皮请你练一练：

9 个 1 组成的 9 位数乘以它本身，得数是多少？你能从这节数学魔法课中找到解决方法吗？

答案：我们可以从这个算式最“小”的时候试起，1×1＝1；再试试“大一点”的时候，那就是11×11＝121；“再大一点”的时候，是111×111＝12321。现在你肯定知道答案啦，111111111×111111111＝12345678987654321。

02 约分，真爽

计算到爽的感觉

“所以啊，当一个难题变小的时候，也许它就没那么难了。如果你被一道数学题吓住了，那么穿越到它‘小时候’，说不定就能战胜它了。”夏老师教给大家的“化繁为简打老虎”，成了六年一班的数学绝招。

每当大家遇到难题的时候，总是会不约而同地说：“用夏老师打老虎的办法吧。”

丁思雨善于举一反三：“最近学的分数连乘，其实也可以用化繁为简的思路来做呢。”

“嗯，马上联系到新知识了，非常好！那来看看这道分数连乘的计算题。”夏老师在黑板上随手写起来：

$$\frac{5}{18}\times\frac{1}{7}\times\frac{9}{10}=$$

“大家认真看看，然后说说你们的想法。”这也是夏老师的风格，他最不喜欢那些一看算式就埋头苦算的同学，所以同学们都养成了在计算之前，先认真观察算式的习惯。

同学们纷纷说了自己的想法：

“要先约分。”

“第一个分数和第三个分数可以约分，根据乘法交换律和结合律。”

“分子5可以和分母10约分。”

“分子9可以和分母18约分。”就连害羞的肖琪雯也在大家的鼓励下说出了自己的发现。

夏老师按大家的想法，在上面划去了这些数字。

“太棒了，这么一来，等号左边就变成了$\frac{1}{2}\times\frac{1}{7}\times\frac{1}{2}$，口算就能得到结果，是$\frac{1}{28}$呢。”大家都高兴地说。

“约分的过程，是不是特别像玩一种游戏？”夏老师笑眯眯地问。

“一种游戏？”没想到夏老师对游戏也这么有“研究”，那会是什么呢？大家七嘴八舌地猜了起来。

夏皮皮偷偷笑了，作为儿子，爸爸在家里玩过什么游戏，他再清楚不过了。董尚也想到了这一点，趁同学们不注意，把头凑过来问：“你爸爸最喜欢玩的游戏是什么？”

“不就是‘水果忍者’嘛。”夏皮皮泄露了爸爸的“秘密”。

“哈哈，我知道了！”董尚连忙举手发言，一边爆料，一边还以手为刀，做出大砍大杀的样子，“哈哈，真爽！”

“那就再来一题！”在哄堂大笑中，夏老师趁热打铁，在黑板上又写下一道算式：

$$\frac{7}{36}\times\frac{4}{13}\times\frac{9}{14}\times\frac{2}{3}=$$

“哇！4个分数，太麻烦了。”潘奔奔叫了起来。

“不麻烦呀，把分子7和分母14、分子9和分母36分别约分，算式不就简单了吗？”陈子翔胸有成竹地说。

“不对，没必要分开约分，我们不如把分子中的4、9同时和分母36约分，‘两个打一个’，不是更好吗？”夏皮皮在家里学过这招。

“这样行吗？”

“当然行的。”夏老师肯定了这种做法。

“好，一下子划掉了3个数！哇，真爽！”

六年一班的同学们都体会到了一种看着计算题的数字越来越简单快乐到爽的感觉！

丁思雨梦见“约分大战”

夏老师有趣又好玩的数学比喻，使全班同学都“爱”上了约分。大家发现，在四五年级的时候，觉得计算很麻烦，但在六年级似乎没有了这样的感觉。

也许是日有所思夜有所梦吧，作为班长的丁思雨，居然做了一个“约分大战”的梦，还把它写进周末的日记里。语文老师看了以后，推荐给了夏老师。夏老师也大为赞叹，就请丁思雨用数学课前的几分钟时间，给同学们讲讲这个好玩的故事。

于是，六年一班的数学课变成了故事课。从肖施文到程飞翔，不管男生还是女生，都被丁思雨的梦吸引住了：

> 今天很奇怪，做数学作业的时候，我居然不知不觉地睡着了，而且做了一个很奇怪的梦。现在醒过来，觉得很有趣，而且和正在学的分数乘法有关系呢，于是就赶紧记了下来。
>
> 在睡着之前，我正在做一道分数乘法计算题：$\frac{5}{12}\times$

$\frac{6}{7}\times\frac{7}{8}\times\frac{16}{25}$。突然脑袋一阵发困，迷迷糊糊地看到4个分数的分数线不知怎么就连成了长长的一条，4个分子和4个分母，也各自挽起手来，变成了$\frac{5\times6\times7\times16}{12\times7\times8\times25}$的样子。

分子5的手里拿着一面旗，上面写着“楼上军团”，它对身旁的6、7、16说：“弟兄们，我们联起手来，一起跟楼下军团战斗吧，千万不要被各个击破呀。”

分母12的手里也举着“楼下军团”的旗帜，它比楼上5的年龄大一些，看起来沉稳得多。它轻声细语地

跟队友们说：“我们要不要先乘起来，得到一个大的数后，再跟楼上的军团战斗呢？”

12身旁的7直摇头：“不好不好，那样更麻烦。你们看，楼上也有个7，我早就想跟它较量较量了。”

7身旁的8也大声叫嚷着：“别看楼上的16是我的2倍，我还是想跟它打上一架！”

25摇晃着四四方方的身躯，说：“好吧，那我来收拾5，可惜我和16没有除1以外的其他公因数，帮不上8兄弟的忙。”

就这样，两军对垒，一副要拼个你死我活的样子。我吓得一哆嗦，叫了声“约！”分数线上下的双方一拥而上，打了起来。但见楼下的25从自己的身体里变出一个5，成功把楼上的5打飞了，自己也只剩下了一个5。上下两个7搂在一起，早已经打得不可开交了。虽然楼下的8非常勇猛，但无奈敌不过楼上更强大的16，壮烈牺牲了，楼上的16也只剩下了2。要说这个2还真是好汉，虽然刚打得气喘吁吁，但一看楼上的6正和楼下的12缠斗不休，连忙冲上去，和6一起变成12，恰好和楼下的12打了个平手，最后同归于尽。回头看去，两个7也不动弹了。

这场激烈的约分大战，我看得目瞪口呆，好半天才回过神来。等这些数字都没了声音，我叹了口气说：“全约光了，楼上楼下势均力敌，看来得数就是1了。”

我正要写下“＝1”，却听到一个微弱的声音从楼下传来：“看清楚，还有我呢。”定睛一看，才发现原来是25剩下的那个5，摇摇晃晃地从战场上爬起来，一字一顿地对我说：“最后的胜利，是属于我们楼下军团的！哈哈，得数是$\frac{1}{5}$！”

5满脸鲜血，身躯痛苦地佝偻着，却边喊边向我扑了过来，我往后一退，打了个趔趄，醒了。

大家觉得我这个梦怎么样呢？

同学们的评论

丁思雨在讲故事的时候，手里还拿着粉笔。她一边在黑板上写着算式，一边眉飞色舞地讲着。说到分子和分母之间的对话，声调非常逼真，而且她忽而皱眉，忽而怒目，把全班同学都吸引住了，教室里一点儿其他的声音也没有。

故事讲完了好一会儿，大家才回过神来，报以热烈的掌声。

肖施文拍着胸口叹气说：“哎呀，不要说吓到你，光听你说这个梦，估计今晚我都睡不着了。”

潘奔奔撇撇嘴，说：“你们女生就是矫情，我怎么觉得这个梦很精彩刺激呢？还有这些数字，也很英勇啊。”

程飞翔若有所思地点点头说：“虽然我觉得丁思雨的梦很奇怪，但我觉得这个梦是很有数学道理的。我们在面对分数连乘的时候，要注意：第一，要先约分，不要先计算；第二，约分后要检查清楚分子、分母还剩下哪些因数。”

潘奔奔叹了口气说："有道理，看来要想数学好，做梦都要做题。咦，我怎么都不会做这样的数学梦呢？"

董尚哈哈大笑起来："如果潘奔奔在做数学作业时做梦，那肯定是梦到这些数字在打水战，而不是陆地战斗。"

潘奔奔没听明白董尚的意思，挠着后脑勺问："为什么呢？难道是因为这些数字知道我喜欢海军？"

董尚看全班同学都向他投来疑惑的目光，得意地说："哈哈，那是因为我看到你有次打瞌睡时流口水了，所以你如果做梦的话，肯定要'水淹分数军'啊。"

潘奔奔气呼呼地跳了起来："气死我了，来来来，我要跟你'约分'！"全班同学都笑了起来。潘奔奔一愣，也笑了："什么时候，约分变成战斗的代号了。"

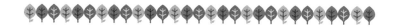

夏皮皮请你练一练：

我从课本上找了一道分数的计算式，你能从本节数学魔法课中学到的方法，又快又好地计算出答案吗？

$$\frac{5}{6}\times\frac{4}{9}\div\frac{10}{3}+\frac{7}{3}=$$

答案：先约分，这是分数乘除法中最关键的。注意不要把加号看成乘号进行“约分”哦。所以计算过程应该是：原式 $=\frac{5}{6}\times\frac{4}{9}\times\frac{3}{10}+\frac{7}{3}=\frac{1}{9}+\frac{7}{3}=\frac{22}{9}$。

03 成就除法之王

隔壁二班来挑战

周末，夏皮皮正坐在家里客厅的地板上摆积木，突然听到门口有人叫他。夏皮皮连忙用双手把积木一拢，准备藏进纸箱里。回头一看，松了一口气，原来是董尚来找他玩。要知道，如果让同学们知道他作为一个六年级的男生，居然还在玩小朋友才玩的积木，那脸可就丢大了。

“皮皮，皮皮，你在干什么？”董尚刚进来就大呼小叫。

“怎么了？”夏皮皮站起来问他，“咦？你带了什么东西？是不是作业不会做，上我这儿来抄作业来了？”

还没等董尚回答，夏皮皮把他手里的纸接过来一看：“咦？这是什么？……挑战一班计划……六年二班。他们想干什么？”

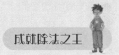

“你知道隔壁二班的这些同学一直对我们班不服气。上半年学校合唱节输给我们班，这次学校运动会又输给我们班，所以他们班最近在密谋，要策划一场比赛，然后把我们班打败，好报仇雪恨。”董尚显得非常紧张。

“呃……”夏皮皮有点无语，“大家都是同学，没必要这样吧？对了，你这情报哪里来的？”

“哪个差生在年段里没有几个朋友呀。这是从隔壁二班成绩最差的张小毛手里拿到的。”董尚得意地说。

“你要达到差生的水平，似乎还要再努力几个月呀。”夏皮皮知道董尚的成绩其实算是中上。

“不是我，是咱们班的潘奔奔，他是张小毛的好朋友。听他说，二班的代表，也就是他们班的班长赵明，今天要到学校找你爸爸请求比赛呢。”董尚的情报看来非常详尽。

“啊？连我爸爸今天在学校加班他都知道？”夏皮皮连忙拉着董尚往学校奔去。

接受挑战

刚到办公室门口，他们就刹住了脚步。“里面有其他人。”夏皮皮带着董尚蹑手蹑脚地往里面一看，夏老师坐在自己的座位上，面前放着一沓作业本。在他旁边，是二班的班长赵明。

董尚偷偷在夏皮皮耳边说：“听说赵明的数学不错，这次很可能就是来找我们班比计算的。”

“好啊，这一仗不能输，我进去给老爸长长脸。”夏皮皮一想，又对董尚说，“你的计算不怎么样，还是不要进去了，免得被他挑做对手。”

夏皮皮推门进去，站在夏老师身后。赵明看了他一眼，就对夏老师说："夏老师，我们班的同学都知道您鼓励大家相互促进、共同进步，一定会接受我们的请求的。那这次公开比赛，您是答应了对吧？"

"没问题啊，你们想比什么？"夏老师笑眯眯地对赵明说。

赵明说："我们就比数学里的基本计算好了。"

"呃……"夏皮皮一想，坏了，刚才董尚说过，这个赵明自己就是个数学计算高手，这么有备而来地发起挑战，咱们班要是有点啥失误，岂不是砸了爸爸的招牌。他正要提醒爸爸，却看到爸爸朝他眨了眨眼，说："可以，具体安排就让夏皮皮跟你们谈吧。"

夏皮皮犹豫了一下，但想到爸爸既然已经答应人家了，也只好先把比赛规则定好再说，于是掰着手指盘算着对赵明说："计算是数学的基本技能之一，常用的是加减乘除四则运算。加减对咱们六年级学生来说不成问题。乘法有口诀，想必大家都很熟练……那可以一比的就是除法了。到时我们双方各出10道除法题，其中一半是整数除法，一半是小数除法。"

"互相出题？这个主意不错！"赵明问，"那怎么才算赢？”

“当然是算得又对又快喽。要是算得又错又快，那不如全写上零好了。算得虽然对但是很慢，那不算本事。”夏皮皮的话引得夏老师笑出声来。

“规则你们定了，那时间、地点和选手就由我方来定。”规则虽然是自己定的，但赵明这胸有成竹的口气，总让夏皮皮觉得落入了圈套。

正想着呢，听到赵明又说：“周一中午午休时吧，地点

就定在学校图书馆前的草坪上，那儿人多，好做个见证。选手嘛，既然夏老师刚才说一班的同学个个强，那就由我来对这位同学好了。”

夏皮皮一愣，发现赵明正指着自己！他刚想推辞，却见夏老师不动声色地站起来，拍了拍他的肩膀，说：“没问题，就由夏皮皮出战。”

看到夏皮皮慌张的样子，赵明对自己的选择感到非常满意，笑着走了。

夏老师见对方走了，转身微笑着对夏皮皮说：“放心，爸爸不会拿咱们班的声誉开玩笑的，我已经研究出了一套除法计算秘诀，我儿子必胜无疑。”

“是吗？”夏皮皮心里仍然忐忑不安，嘀咕着，“从没见您研究什么除法计算秘诀呀……”

“怎么没有，就在这儿。”夏老师说着从抽屉里拿出一张纸，神秘兮兮地在上面写起来。

“哇，这秘诀还真保密，现场手写，那要是有人把您抓起来严刑拷打，您一定会说‘打死我也不说’吧？”夏皮皮开起爸爸的玩笑来。

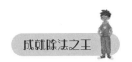

夏皮皮接过爸爸写的东西一看，不由得瞪大了眼睛，多

看几遍，忍不住哈哈大笑起来，拉着办公室外不明就里的董尚，飞奔而去。

除法之王，成就达成

周一中午，图书馆前的草坪上聚集了不少人，都是来看这难得一见的数学计算赛的。

随着请来做裁判的图书馆李老师一声令下，双方交换试题。

夏皮皮快速地看了一下试题，对方为了增加难度，尽挑一些质数来组成除法，如31÷47、17÷29，就连小数除法，出的也是2.3÷4.1、0.09÷0.7这样的，没一个好算的。

夏皮皮微微一笑，迅速在试题上写起得数来。31÷47嘛，得数是 $\frac{31}{47}$ ；至于2.3÷4.1嘛，那就同时扩大到都是整数，得数是 $\frac{23}{41}$ 好了……他越写越快，越写越顺。抬头望去，对面的赵明也正好看过来。

赵明一看，夏皮皮居然已经算了一半的题目了，难以置信地瞪大了眼睛，可是又瞧不见具体情况，心里一急，写错了好几次，又擦又改。

此时全场寂然无声，仿佛可以听见赵明怦怦的心跳声。

“好了。”夏皮皮宣布完成。

“不可能，怎么可能这么快？”赵明抛下手里做了不到一半的题，冲上前来，不顾比赛纪律，从李老师手里抢过夏皮皮的答卷一看，倒吸了一口气，用手指着夏皮皮，不敢相信地叫道：“你……你怎么能用分数？”

“为什么不能用分数？分数表示的难道不是这个除法算式的商吗？难道大小不对吗？难道后面不能再计算了吗？遇到乘除，反而更好算！”夏皮皮一连串的反问，让赵明哑口无言，“这就是我爸爸，哦，是夏老师教给我们班的制胜妙招——灵活运用‘分数和除法的联系’！”

“同学们！”夏皮皮站到一个石椅上，高高地举起了夏老师写的那张纸，“自从有了分数，妈妈再也不用担心我的除法！”

“哇，除法之王！”全场掌声雷动。在一片热闹中，夏皮皮看到人群外有个熟悉的身影。

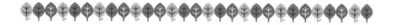

夏皮皮请你练一练：

我从四年级数学课本上《除数是两位数的除法》中选了 3 道除法计算题，你能又快又好地算出它的答案吗？

$86 \div 15 \qquad 110 \div 14 \qquad 188 \div 36$

答案：使用从本节数学魔法课中学到的妙招“用分数当作除法的计算结果”，你一下子就能写出这3道题的答案了：$\frac{86}{15}$、$\frac{110}{14}$、$\frac{188}{36}$，只是后两个还要进行约分，所以最终得数是 $\frac{86}{15}$、$\frac{55}{7}$、$\frac{47}{9}$。

04 打扑克，练计算

和爸爸一起设计扑克游戏

现在六年一班的同学们做分数乘法计算题，在划去一个个数字的同时，都会不由自主地念叨：“砍砍砍，爽爽爽！”说来也怪，这样一来，原本有点枯燥的数学计算突然变得特别好玩了。

但是夏老师很快发现了一个问题，同样是约分，有的同学速度快，有的却很慢。怎样才能让全班同学个个成为“神算手”呢？他在家里反复琢磨。

人一想事情，就容易分神。这不，夏老师带着问题和儿子夏皮皮玩扑克牌“快算24”游戏，连输了好几局。

夏皮皮可不领情，他提出抗议：“爸！你好歹认真一点儿嘛，这样的话，我赢了也没意思哦。”

要说这个“快算24”还真是个不错的扑克游戏，就是用4张扑克牌牌面上的数字，通过加减乘除运算，得出24这个数字。自从四年级时爸爸教会夏皮皮以来，两人就经常玩，夏皮皮的口算本领也大为提高，已经从“屡战屡败”进步到“势均力敌”了。

听到夏皮皮的抗议，夏老师愣了一下，笑起来说：“你赢得多是因为口算进步很大呀！”

“主要是经常练习嘛。你在想什么呢？”夏皮皮希望自己能帮爸爸出点主意。

听明白了爸爸伤脑筋的事情后，两人一起琢磨起来。

夏皮皮看到散落在茶几上的扑克牌，不由得眼睛一亮：“有了，爸爸，我们用扑克牌来设计一个约分游戏，让大家经常玩，那约分的本领不就在不知不觉中提高了吗？”

“对呀！真是个好点子。”

两个人经过讨论，认为约分的关键点在于找到分子和分母的最大公因数，而找最大公因数的技巧是确定两个数之间是否存在倍数或者互质等特殊关系。

很快，一个既简单又好玩的“约分”扑克游戏新鲜出炉了！

这个游戏由两个人来玩，先把扑克牌中的花牌和大小王去掉（也可以把J、Q、K分别看成11、12、13），然后双方各分一半。双方的扑克牌都背面朝上，玩的时候两人各翻开一张牌，根据这两张牌上的数，按要求抢答，谁说对了就算谁获胜一局。一开始可以抢答两个数之间的关系，熟练了以后，再进行正式比赛——说出最大公因数，还有升级玩法——把这两个数当成分子和分母，抢答约分后的结果。

以下就是他们父子俩几次比赛的过程。

初级版（说出两个数的关系）：4、12——倍数关系；2、9——互质关系；8、12——普通关系。

中级版（说出最大公因数）：4、12——4；2、9——1；8、12——4。

高级版（说出约分后的结果）：4、12——1、3；2、9——不能约分；8、12——2、3。

两人连玩了好几把，就连夏皮皮这个约分小能手也乐此不疲呢。

他们一致决定，在推广之前，先找几个同学做做试验。到底找谁好呢？

秘密小组训练计划

爸爸把这个光荣的任务交给了夏皮皮，夏皮皮就琢磨开了，找谁好呢？班上数学最弱最需要帮助的，要数潘奔奔和肖施文了。对，就从他们俩开始，要是他们俩的计算水平能够提高，那不就有说服力了吗？有句广告词怎么说来着？“别看广告，看疗效！”

第二天正好是星期六，夏皮皮打算马上开始这个秘密小组行动。但游戏是两个人玩的，3个人分组不方便，再说一个人也应付不了两个，夏皮皮就想再找一个同学来帮帮忙。谁合适呢？他一下子就想到了班长丁思雨。丁思雨当上班长可不单是因为她学习好，更因为她脾气好，也乐意帮助人，所以在竞选中才获得了最多的支持。

打着夏老师的旗号，夏皮皮很快就把3个人召集齐了。

潘奔奔和肖施文果然很喜欢这种轻松的练习方式，而且由夏皮皮和丁思雨带着熟悉了规则以后，就换成水平接近他们俩接着玩。他们少了许多心理压力，成绩反而更好了。

在休息的时候，4个人聊起了怎样才能把这个游戏改进得更好一些。

潘奔奔第一个提出：“扑克牌太简单了，只有1到13这几个数字，最好能够有100以内的数字，那就可以练得更全面了。”

肖施文也体会到了这种游戏的好处，她高兴地说：“要不然我回家做一副100以内数字的卡片，再找你们玩吧？”

夏皮皮说：“也可以同时抽出两张一位数组成100以内的数呀，比如5和6，就算是56。”

丁思雨说：“你们的主意都不错，不过我觉得总结怎样才能算得快更重要。”

“对！”三人都赞成。

“我觉得质数表要记住，这样才能更快更准确地判断两个数之间的关系。”

“对，如果是两个不同的质数，那一定是互质数；如果是一个质数和一个不是它倍数的合数，那也一定是互质数。互质数就不能约分了。”

“另外，要记住91和51其实不是质数。”

“把13、17、19的倍数记熟，非常管用。”

潘奔奔说：“难怪你们的数学这么好，我从来没有想过这些诀窍呢，我得赶紧记下来。”

不知道是不是巧合，星期一，夏老师进行了一次笔算比赛，经过秘密小组训练的潘奔奔和肖施文会有出色的表现吗？

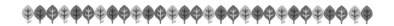

夏皮皮请你练一练：

和你的爸爸妈妈玩一次“约分”扑克游戏吧。你一定会发现，自己的分数计算本领突飞猛进哦。让我来考考你吧，在$\frac{(\quad)}{91}$的（　）里，最大可以填几，能够使整个分数是真分数，但不是最简分数呢？

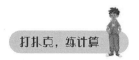

答案：91的质因数有7和13，所以括号里可以填91以内7的倍数或13的倍数，其中最大的是84，整个分数约分后就是$\frac{12}{13}$。

05

眼睛一眨，小鸡变鸭

潘奔奔的幸福泪

潘奔奔和肖施文自从学了“约分”扑克游戏后，“玩”得不亦乐乎。他们甚至在家长没空陪的时候，研究出了一种让左手和右手比赛的方法，号称“双手互搏”。

很快，他们一翻开扑克牌，就能说出两个数是什么关系，它们的最大公因数是多少，能不能约分以及约分后的最简结果是什么了。

不信？来比比看，17和51，你能说出来吗？

哈哈！不行吧？这两个数可是倍数关系，最大公因数正是17，约分后是1和3。

正因为准备充分，所以在夏老师宣布要进行笔算比赛的时候，以前一听说数学考试就害怕的他们，第一次没有感到慌张，而是认真地听着夏老师提示的种种技巧。

潘奔奔想：我平时做练习总是太快，这次我要放慢速度，有把握了再做下一题。

肖施文想：每次考试我都差点儿做不完，这次我要反应快一些，不要再拖泥带水了。

他们看了看丁思雨，发现她已经把草稿纸准备好了，正等着试卷呢。

肖施文想：丁思雨不仅成绩好，考试前的习惯也很好，不像有的同学，到了要用到草稿纸时才开始找。

潘奔奔也在想：从前我考试的时候从不准备草稿纸，到要用时就胡乱写在垫板上，有时还写在课桌上，回家的时候，路人看看我胳膊上的印子，就都知道我今天上了数学课。真是惭愧呀。这次可不能再这样了。

这时练习卷已经发下来了，大家都认真地做起来。

分数乘法是比较容易的，同学们都做得很轻松，而潘奔奔和肖施文因为周末玩了“约分”扑克游戏，对约分也特别拿手。这次他们真正体会到了练习的好处，这与之前被老师、家长逼着做辅导题的感觉是完全不一样的。

一时间，教室里只听到唰唰唰的答题声。

不过，试卷中也有几道夏老师精心设置的难关，你也来试一试吧：

$$\frac{28}{39}\times\frac{13}{42}\qquad 9.6\times\frac{5}{16}\qquad \frac{21}{32}\times\frac{13}{51}\times\frac{17}{91}\times\frac{8}{9}$$

第一道题，要知道39是13的倍数；第二道题，要学会把小数直接和分数约分，然后就可以转变成0.6×5了；第三道题的关键在于51和91两个数字，51＝17×3，91＝13×7，所以51可以和17约分，91可以和13约分。3道题的结果分别是$\frac{2}{9}$、3、$\frac{1}{36}$。你觉得容易吗？

不管怎样，对潘奔奔和肖施文来说，这次笔算比赛是最难忘的一次，因为他们都取得了95分以上的好成绩！他们第一次期待老师赶紧批改试卷，而夏老师发试卷的时候，潘奔奔居然不顾男子汉的形象，捧着试卷哭了。

不过，肖施文担心地问丁思雨：“分数乘法能约分，下个单元是分数除法，

我记得小数除法很难算，这可怎么办呢？”

新单元开始了，一个惊天的谜底浮出水面，原来——

小鸡居然能变鸭

六年一班有不少讨厌数学课的同学，可自从夏老师来教他们后，都喜欢上数学课了。这种喜欢，一方面是由于夏老师幽默风趣的上课风格，另一方面则是因为夏老师总是不断地让同学们体验成功。

所以当潘奔奔这样原本数学比较差的同学在分数乘法的学习中取得了好成绩的时候，自然希望自己学分数除法也能保持好成绩。

可是，除法要比乘法难算得多呢！

从整数到小数，除法简直是越来越麻烦：遇到除数是小数的时候，还要先把除数变成整数，再把被除数也扩大相同的倍数（而且这个顺序还不能反），这样小数除法才能变成整数除法。可就算变成整数除法又能怎样呢？还不是要一次次地往下除？要知道，每求一位商，就要做一次乘法，商是三四位就要做三四次乘法。更糟糕的是，居然还有什么循环小数，除了半天，才知道原来除不尽，那种感觉就像是上当了。

夏皮皮偷偷地告诉潘奔奔："别担心，其实分数除法可以变成分数乘法的，这样你的本领又能派上用场了！"

"是真的吗？"潘奔奔的第一反应就是不相信，按他的话来说，如果除法能变乘法，那么小鸡也能变小鸭！

于是，潘奔奔和夏皮皮打起赌来：如果真是这样，潘奔奔愿意在教室里爬一圈！

但还没过一天，他就后悔自己打的赌了。

这天晚上，潘奔奔第一次做预习，把数学课本翻到下

一单元仔细看了起来。要不是为了打赌，他可不会这么“关心”数学课本。

他发现书上居然真是这么说的：除以一个数（0除外），就等于乘这个数的倒数。

啊？潘奔奔傻眼了，没想到除法真能变乘法！小鸡居然真的能变小鸭！

虽然书上讲的道理潘奔奔还没有完全看明白，但在第二天的数学课上，随着夏老师的讲解，潘奔奔已经彻底承认自己打赌输了。

失败归失败，可是包括潘奔奔在内，班上的同学都非常高兴。大家都觉得，如果分数除法可以变成乘法的话，那不就可以很容易地约分计算了吗？

班上洋溢着欢乐的气氛。夏皮皮偷偷地给潘奔奔传了一张纸条，上面写着“算了”。

丁思雨从中拦截，正好看到了这两个字，丈二和尚摸不着头脑，只好瞪了夏皮皮一眼，提醒他认真听课。

潘奔奔看了纸条，摇摇头，又点点头。那么问题来了，最后他会在教室里爬一圈吗？

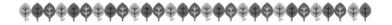

夏皮皮请你练一练：

根据除法变乘法的规律，你能把以下各题从除法写成乘法吗？这可是一个很简单的练习哦。

$100 \div 2$　　$80 \div \frac{1}{4}$　　$3.6 \div 0.25$　　$0.875 \div 1\frac{1}{7}$

答案：根据“被除数不变，除号变乘号，除数变成它的倒数”的原理，结果是$100 \div 2 = 100 \times \frac{1}{2}$、$80 \div \frac{1}{4} = 80 \times 4$、$3.6 \div 0.25 = 3.6 \div \frac{1}{4} = 3.6 \times 4$、$0.875 \div 1\frac{1}{7} = 0.875 \div \frac{8}{7} = 0.875 \times \frac{7}{8}$。

06 圆规多了一只脚

坏了的圆规

夏老师在黑板上写了一句话："圆，一中同长也。"然后他转过身来，环视全班："你们谁来说说这句话的意思呀？"

班长丁思雨站起来说："我觉得，这句话的意思是，圆，有一个确定的中心点，而且圆周上的每一个点到这个中心点的距离都是一样长的。"

潘奔奔冒冒失失地问："这句话是夏老师您总结出来的吗？"

夏老师不好意思地摇摇头："我可不敢侵犯古人的知识产权。这句话出自2000多年前墨子写的《墨经》，可以说它把圆的基本特点描述得非常准确了。"

“什么墨？”潘奔奔没听明白。

“就是墨水的墨呀，上面一个黑，下面一个土。”丁思雨帮夏老师解释。

“哦，那不就是黑子吗？我在书上看过，太阳上面就有黑子。”潘奔奔离题万里的话让全班同学大笑起来。

夏老师无可奈何地摇了摇头，拿这个似懂非懂的学生没办法。他灵机一动，从讲台下面摸出两根棍子。其中一根木棍的一头削得尖尖的，另一根的一头还套着一根粉笔。

“呃，这是什么？”潘奔奔吓了一跳，“我只不过是想到什么说什么，夏老师您不至于要打我吧？”

夏老师哭笑不得：“说什么呢，你没认出这是什么吗？”

“哦。”潘奔奔这下看出来了，“这不就是坏了的圆规吗？”

“记得这还是上一届一个和你一样顽皮的学生玩坏的。我赶紧修一下。”夏老师不知从哪里找出一个螺丝钉来，拧进两根木棍连接处的螺丝孔里。

夏皮皮会心地笑起来，他看出爸爸其实是在故意逗潘奔奔呢。作为班上数学学习比较吃力的同学，潘奔奔和肖施文可是花费了夏老师许多心力呢。

夏皮皮刚想到这儿，夏老师已经走到他的面前，把那个勉强修好的圆规往他手里一塞：“来，皮皮，你来画个圆给我们看看。”

爸爸老师需要，儿子学生责无旁贷。夏皮皮拿着圆规，走到黑板前，小心翼翼地把木棍尖的一头抵在黑板上，将另一根木棍端头的粉笔绕着它旋转一周，画出了一个标准的圆。

大家看了，齐声赞叹：“好圆！”

夏皮皮得意地想：那是当然，我可是被预先训练过的。要知道，我还有一个你们没想到的圆规绝招没放出来呢。他正期待着爸爸老师继续让他演示，夏老师却把那个圆规拿过来递给了潘奔奔，说："学数学，不光要思考，还要多动手试验。奔奔，这个圆规交给你，今晚好好玩！"

"玩圆规？"潘奔奔一时没反应过来。

"对呀，这就是你今晚的数学作业。"这一句话，让潘奔奔成了全班同学羡慕的对象。他紧握着那个勉强修好的圆规，好像握着国王的权杖，生怕被人抢走了。

三脚圆规画什么？

夏皮皮知道，潘奔奔一向不喜欢动脑，动手却很在行，好好的课桌椅被他的屁股坐上一阵子，就会散架。有这么个"试用新产品"的机会，他自然不会放过。不过，要让他有新发现，还需要助他一臂之力。于是当天晚上，夏皮皮吃过饭就去找潘奔奔了……

第二天刚一上课，潘奔奔就激动地站起来说："夏老师，今天这节课能不能给我10分钟，让我介绍一下我昨晚研究圆规的成果？"

夏老师高兴地点点头。潘奔奔从抽屉里掏出那个圆规，一只手握住尖棍子的上端，将它立在黑板上，一用力，另一根棍子端头的粉笔稳稳当当地绕着尖棍子旋转起来，在同学们的期待中，像昨天夏皮皮那样画了一个大圆！

“切。”同学们发出不屑的声音。大家本来以为他会有什么特别的演示呢，看到这个圆真是十分，不，百分、千分、万分地失望。

程飞翔不以为然地说：“这算什么研究成果，难道你画的圆特别大吗？不过，你单手就能操作圆规，这倒是比我们厉害。”

潘奔奔似乎看出了同学们的心思：“别急，昨天我们知道了，用这个圆规可以画出标准的圆形来。不过这没什么，可能天底下的小学生都知道。但经过昨晚的研究，我有了一个发现，它可以画出一种更有趣的图形，请看！”

因为激动，他的声音有些变调！

他从口袋里变戏法似的掏出一根白线，细心地把白线的两端分别绑在圆规的两只脚上。白线没有绷直，显得松松垮垮的。然后，潘奔奔把圆规举起来，晃了晃，又把圆规的两脚都点在黑板上，用左手扶住。

潘奔奔用右手拿起一根粉笔，挑起圆规两脚间的白线，绷紧，然后慢慢地在黑板上移动起粉笔来。

同学们都紧张地看着，固定圆规的一只脚，旋转另一只脚，就会画出圆形来，加上一根粉笔，不就变成“三只脚”的工具了吗？而固定两只脚，移动“第三只脚”，会画出什么图形来呢？

答案很快就出来了，居然是一个漂亮的椭圆！

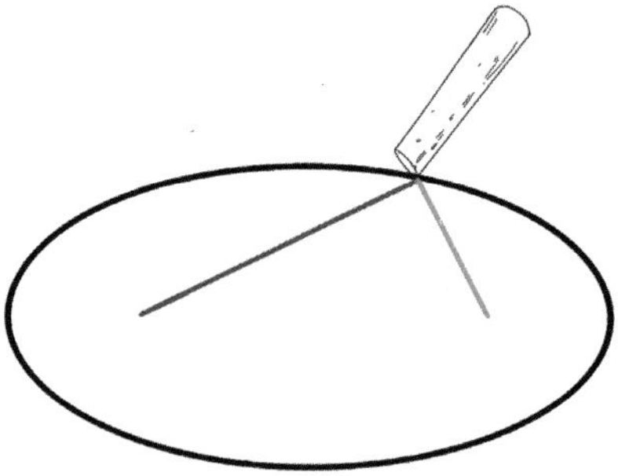

丁思雨站起来提了一个问题：“如果画椭圆的时候，把圆规的两只脚靠得更近一些，甚至重合在一起，会怎样呢？”

对，会怎样呢？大家纷纷鼓动潘奔奔再试一试。夏老师却伸手按住潘奔奔，示意他先不要动手。

夏老师对大家说：“动手试验是找到新发现的好办法，不过在试验之前，如果先猜想一下，会让这个试验更有趣，而且也更能锻炼我们的大脑。”

于是大家提出了各种各样的“猜想”。

有人说：“会画出一个三角形来！”

有人说：“会画出一个圆来！”

还有不知道是哪个在嚷嚷：“会画出一个猪鼻子来！”这个猜想招来一片嘘声。

潘奔奔在大家的期待中又开始画了。

他的粉笔一停下，已经有人欢呼起来。不用问，就是刚才说“会画出一个圆来”的那些同学。

想想也是，当圆规的两只脚重合在一起，不就变成一只脚了吗？和那根粉笔不就形成一个新的圆规了吗？

那如果这两只脚张得非常开，离得非常远，又能画出怎样的椭圆呢？

夏老师没有让潘奔奔再试验给大家看，而是让同学们自己回家尝试：“书上已经介绍过正方形和长方形的关系，我们都知道正方形是特殊的长方形，通过这个尝试，你们还将发现圆和椭圆的关系，大胆地去玩一玩吧！”

他把潘奔奔拉到自己身前，再次对大家说：“你们要记住，学数学不光要动脑，更要动手。哪怕是‘玩一玩’，也有可能会让你有惊人的发现呢！”

夏老师的话和潘奔奔的收获都深深地刻在了同学们的脑中。没想到，不久之后还真的就又有了一个神奇的发现……

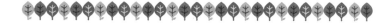

夏皮皮请你练一练：

找出那个帮你画了许多圆的圆规，然后像潘奔奔那样在它的两只脚之间绑上一根棉线，试着画一个椭圆。再试着找出规律，两只脚越是接近，所画的椭圆越怎样？想一想，正方形和长方形之间也有这样的规律吗？

答案：利用圆规和棉线画椭圆的时候，圆规的两只脚越是接近，所画的椭圆就越接近正圆。这正如画长方形的时候，长和宽越是接近，所画的长方形就越接近正方形。可见在数学图形的世界中，正圆是特殊的椭圆，正方形是特殊的长方形，它们之间的包含关系是一样的。

07

“欲翻不能”的纸圈

潘奔奔又有新发现

今天潘奔奔一走进教室，就是一副没睡够的样子，呵欠连天。夏皮皮猜想他是不是昨天晚上又玩游戏玩得太迟了，正想问个究竟，上课铃声响了。

果然，课没上一会儿，潘奔奔就趴在课桌上打起盹来，夏老师朝他那儿看了又看，终于忍不住地哼唱起来:“睡吧睡吧，我亲爱的宝贝。”这句催眠曲还真“有效”，潘奔奔呼地一下醒过来了，大概他睡觉时还留了一只耳朵放哨吧。同学们纷纷对他神奇的“睡功”表示敬佩，并在课后主动上前打听怎样练这种“打盹放哨功”。

夏皮皮想，潘奔奔大概是属猫头鹰的，所以他白天犯

困，晚上来精神，简直就是夜游神。

不过，夏皮皮猜想潘奔奔昨天晚上是在玩游戏，那可是冤枉他了。在研究出用圆规画椭圆之后，潘奔奔彻底喜欢上了被表扬的感觉。这天晚上，他拿着一些纸条在家里捣鼓来捣鼓去，有好几次还激动得在那里又唱又跳。他的奶奶一直担心自己的宝贝孙子是不是出了什么毛病，但第二天一早，潘奔奔没给奶奶多问的机会，匆匆吃完早饭就往学校跑去。

在数学课上，他提出了一个有些过分的要求……

“夏老师，我们来换一下，您来当学生，我来当老师，好不好？”

夏老师还没表态，同学们就纷纷批评他：“你来当老师，太自不量力了吧？”

“就是，你能教我们什么？”

“自以为是。”

……

要说夏老师的脾气还真是不错，他笑眯眯地打量了一下潘奔奔，最后把视线落在他手里的纸条上，说：“嗯……看得出来你是有备而来呀，已经做好充分的准备了，是吗？”

潘奔奔红着脸点点头，又补充了一句：“相信大家一定不会失望的。”

夏老师笑了起来，说：“那行，潘奔奔老师请！”他风趣地做了个邀请的手势，直接走到班级最后一排的空座位上坐了下来。那意思很明白，这个课堂就交给潘奔奔你了，看你这个老师能上出什么内容来。

潘奔奔深吸一口气，走到讲台后，一扬手，他手里原来是一张长长的纸条。

潘奔奔问同学们：“你们看，这张长方形的纸条，有几条边？有几个面？”

董尚老老实实地回答：“当然是四条边、两个面了。”

“对，同学们随便就能把它翻一面。”潘奔奔边说边演示，“那接下来，你能把它变成两条边、两个面吗？”

“两条边、两个面？”一句话让大家都思考起来。还是张灵栋举手最快，他上台拿过潘奔奔手里的纸条，边演示边说：“把这个纸条做成一个环，两头粘起来，就正好是两条边、两个面了。”

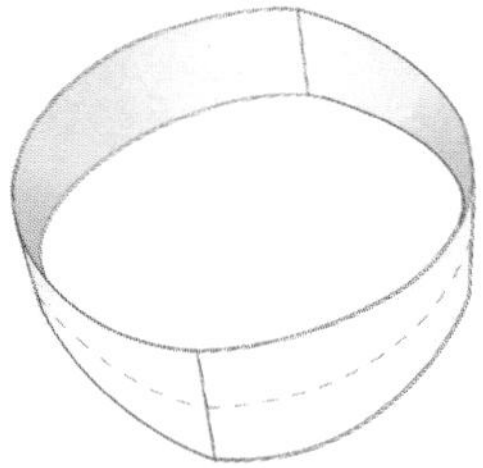

大家都反应过来了，对呀，正好是两条边、两个面。这不就是在美术手工课上做过的纸环嘛，根本没什么特别呀。

程飞翔有些不耐烦了，他叫起来：“潘奔奔，你到底有什么特别的发现？如果就这样，那我可要像你那样睡着了哦。”

听他拿潘奔奔的糗事开玩笑，同学们都笑了起来。

潘奔奔不慌不忙地说：“别急，最关键的问题就要出来了……你们能把这张纸条变成只有一条边、一个面吗？”

“一条边、一个面？之前还真没想过呢。”大家一听，觉得有点儿意思了。

同学们的研究成果

潘奔奔走下讲台，给每个同学发了一张纸条，同学们都试验起来，拿着纸条摆弄来摆弄去。有把它对折的，有把它卷成一个圆柱体的，更多的是端详了半天，迟迟不知道怎样下手。夏皮皮发现，董尚手里的那张纸条最可怜——它已经变成一个纸团了。

也许是想团成一个圆球吧，夏皮皮琢磨起来，那倒真是只有一个面了，可是连一条边也没了。到底该怎么办呢?

试了半天，同学们都没有什么成果，这似乎成了一个"不可能的任务"。

潘奔奔请大家停下来，听他介绍："没做出来吗？也不用急，来，大家跟我一起做。首先像刚才张灵栋那样，把它围成一个环。先不着急粘起来，左手、右手各拿一端，右手这一端旋转180°，和左手这一端粘好，就做成了。"

大伙儿看着手里这个怪模怪样的“圈”，觉得它还真是蛮特别的，平时从没想过还能把纸条绕成这样的形状。可是，它真是只有一条边吗？真的只有一个面吗？

潘奔奔似乎看到了同学们满脑袋的问号，说：“不大相信是吗？检验一下就知道它的神奇之处了。”

他用同学们做记号用的荧光笔在纸边上点了一个点，然后从这个点开始，顺着边慢慢地往前涂，过一会儿荧光笔又回到了这个点，而纸圈的边已经全部被涂上了颜色。同学们看得清清楚楚，在这个过程中并没有跨过什么端点。这个纸圈，真的就只有一条边！

怎么知道只有一个面呢，潘奔奔拿起笔，在这个纸圈的面上画了起来。他的笔慢慢地向前推进，就像车在道路中间行驶，渐渐地，“两面”都画上了黑道道，可是同学们发现潘奔奔的笔始终没有越过纸边。原来真的只有一个面！

潘奔奔高高地拿着这个圈，说：“现在，你能把这个圈

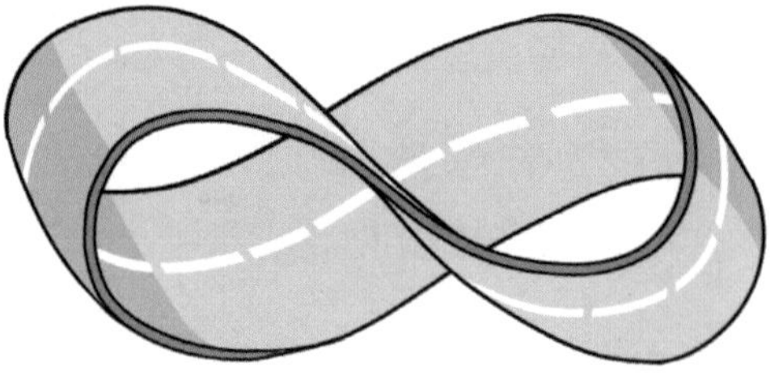

‘翻一面’吗？不可能！因为，它就只有一个面！”

同学们都安静下来，如果说上一节课潘奔奔提出的“三只脚圆规画椭圆”同学们还可以想象的话，那这个“只有一个面、一条边的圈”真是超出了同学们的已有经验，大家深深地体会到了什么叫作神奇！

夏老师的掌声打破了课堂的寂静。他站起来，评论了一句话：“我敢肯定，这个‘一面之圈’将为我们打开新世界的大门。大家要多动手，用不同的方法来试着研究它！这个‘一面之圈’，不但‘欲翻不能’，相信也会让大家欲罢不能的。”

同学们都兴致勃勃地研究起这个神奇的“一面之圈”来，夏老师的话很快就得到了验证。

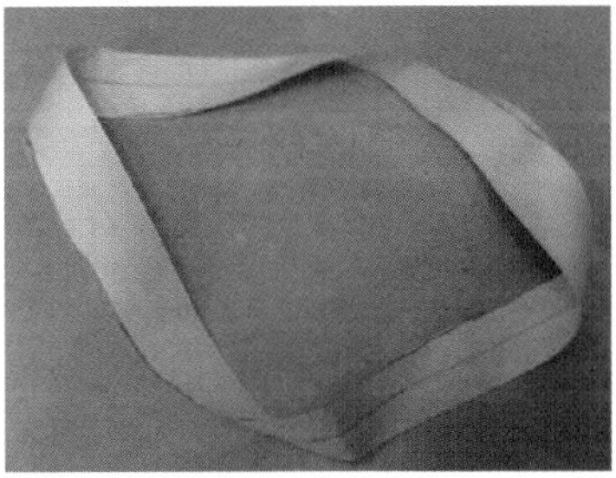

丁思雨把这个“一面之圈”沿着中线剪开，然后叫了起来：“没有变成两个圈，而是……”

程飞翔把它沿着三分之一的地方剪开，也叫了起来：“按我这样剪，又和丁思雨的不一样了。你们看……”

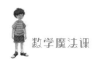

剪开前

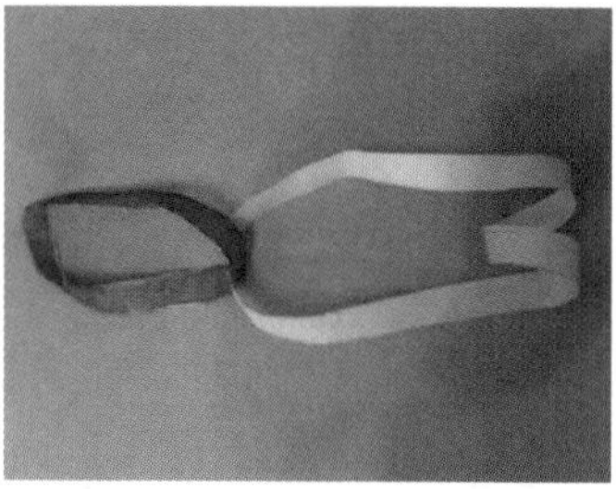

剪开后

可惜不能把同学们的种种神奇发现全记录下来，只能说，这节课上最经常响起来的声音是——“真没想到！”

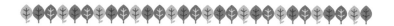

夏皮皮请你练一练：

这样的纸圈叫作莫比乌斯圈，又叫莫比乌斯带。你能按这节数学魔法课中的说明自己制作一个吗？让我们用数字来研究它吧。一条纸带，平展着的时候，面、边各有多少个？变成莫比乌斯圈之后呢？你能看出这些面和边是怎么变化的吗？

答案：一条纸带，有2个面、4条边，而莫比乌斯圈只有1个面，1条边。原来的2个面相接，所以“融合”成了1个面。而原来的4条边中，有2条边在扭转粘贴时消失了，另外2条在扭转时“融合”成了1条边。

下篇

学数少年，小组出发

01 赢不了的百米大赛

校园里的百米大赛

既然是爸爸是数学老师，夏皮皮也就低调了许多，他觉得这样可以少给爸爸惹麻烦。如果他哪方面表现得不好，人家肯定会说：“你看这就是夏老师的儿子。”要是有什么惊人的成绩，说不定同学们会怀疑是爸爸私下里给帮的忙。

可是，夏皮皮是个体育高手，这是人人皆知的。在跑步方面班上唯一能跟他抗衡的，就只有潘奔奔了。说起来两人都是人如其名，夏皮皮很顽皮，鬼主意多，一看就是个闲不下来的主；潘奔奔听名字就知道能奔会跑，速度那是杠杠的。既然如此，时不时比试一下，也是必须的。

这天上午天气凉爽，同学们都聚在林荫道那边。丁思雨走过去一看，正是夏皮皮和潘奔奔这两个老对手要举行一场短跑对决。

校园里那条又长又直的路，就是他们的赛道。路两旁的树，每棵树相隔5米，所以要想举行跑步比赛的话，可以很轻松地找到合适的长度。当然啦，赛道的长度最好是5的倍数，如果你要和别人比赛跑73米之类的，可就不是很方便了。

夏皮皮和潘奔奔并排蹲下，各就各位，准备赛跑。他们到底想比多长的距离呢？丁思雨抬头往前一看，董尚正在远处挥舞着双手，看来那儿就是终点了，他是负责计时的。

丁思雨快速地数了数，从起点到终点有21棵树。嗯？难道比的路程是21×5=105米？怎么这么不正好？略加思索，丁思雨马上想到，树虽然有21棵，但中间只有20个间隔，每个间隔是5米，那么全长应该是100米。看来，百米大战要开始了。

起点这边，由张灵栋来发令，让这个男高音来喊起跑口令真是再合适不过了。随着他一声“预备——跑”，潘奔奔和夏皮皮“嗖”的一声，像离弦的箭一样射了出去。赛道边上，顿时响起了同学们的加油声。有的喊：“皮皮皮皮，肯

定第一。”有的喊：“奔奔奔奔，马到功成！”还有的比较取巧，大喊：“同学加油，同学必胜！”反正两个都是他同学，不管哪个赢了，都可以吹嘘自己深谋远虑、料事如神。

开始时两人不分伯仲，不知道为什么，没多久潘奔奔就明显落后了。同学们都议论纷纷，觉得潘奔奔今天的表现有点儿不太正常，平时他和夏皮皮难分胜负，可今天似乎差距蛮大的。魏小宝的一句话解开了大家的疑团，他是个老好人，和潘奔奔的关系最好。他说：“潘奔奔真是个牛脾气，昨天吃坏了肚子，拉了一天，今天还和夏皮皮比，肯定是比不过的。”

“原来是这样呀！”同学们恍然大悟。丁思雨笑着说：“要是拉坏了肚子就不敢比赛，那就不是潘奔奔了。”

魏小宝冲着丁思雨竖起了大拇指，说：“知潘奔奔者，

班长也。”

同学们正说着话呢，比赛已经结束了，董尚和潘奔奔、夏皮皮一起走回起点。董尚说：“今天夏皮皮赢得还真多，比潘奔奔领先了整整10米呢。”原来董尚今天没有带秒表，所以没办法计算他们相差几秒，不过因为有树做参考，能够看出两人相差的距离。

听到了同学们的议论，潘奔奔倒没说什么，夏皮皮觉得蛮不是滋味的。他对潘奔奔说：“你都拉肚子了，还找我比什么赛跑呀。你瞧，这样子就算我赢了，也不光彩。我爸爸要是知道了，肯定会说我胜之不武呀！”

潘奔奔哼了一声，说：“我妈说过，人最重要的是勇气，一件事如果还没做，就想着输，那就已经输了。所以我不会轻易服输的！”

这段充满勇气的话引来同学们的热烈掌声，仿佛不是夏皮皮打败了潘奔奔，反倒是潘奔奔大获全胜了。这让夏皮皮心里更不愉快了，他想了想，对潘奔奔说：“要不，我们再来比一次吧。刚才我领先你10米，这次我就退后10米，你在我前面跑，怎么样？”

潘奔奔摇摇头，说：“我可不喜欢在别人让着我的情况下比赛。”

同学之间有争议，就该丁思雨出马了，调解矛盾班长最拿手了。她对潘奔奔说：“你毕竟是生病了嘛，这样其实也是很公平的，再比一次，就是各凭实力了。”

潘奔奔心动了，点了点头。于是两人又各自蹲了下来，潘奔奔依然在刚才起跑的地方，而夏皮皮则在他后面两棵树的地方。董尚也在刚才的终点处就位。这就相当于潘奔奔跑100米，而夏皮皮要跑110米。那么谁会获胜呢？大家都还在思考，张灵栋已经下了口令，两人又一溜烟跑出去了。

猛然间，丁思雨想到了一个关键问题。看同学们还正大喊加油呢，她很有把握地说：“不用看了，肯定还是潘奔奔输，用数学道理想想就明白了。看来，让10米是不够的。”

同学们被丁思雨的预测吸引住了，转过头用半信半疑的目光来看着她，似乎在等她进一步解释。可丁思雨没有再说什么，而是继续看比赛。这时候，他们两人都已经到了终点，看起来成绩非常接近，到底哪个先到终点呢？同学们都以询问的目光看着走回来的董尚、潘奔奔和夏皮皮。

潘奔奔脸微微一红，朝同学们摆摆手说：“不好意思各位，我又输了。这回我输得心服口服，夏皮皮都让我10

米了呢。”

程飞翔摇摇头说：“未必！你们刚跑出去，咱们的班长就预测你肯定还是输。她还说，让10米不对呢。”

在大伙儿的催促下，丁思雨解释开了：“表面上看，第一次比赛夏皮皮领先10米，那么让他退后10米，好像两人到终点的时间就一样了。但我仔细一想，发现并不是这样的。道理很简单，从第一次比赛的结果看，潘奔奔跑90米的时间里，夏皮皮能跑100米。那么，第二次比赛的时候，夏皮皮后退10米，当潘奔奔跑90米的时候，夏皮皮跑到哪里了呢？”

看大家不是特别明白，丁思雨干脆蹲下来，随手捡来一

根树枝，在地面上画起来。

潘奔奔叫了起来：“原来第二次我跑到90米的时候，夏

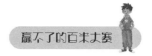

皮皮就又赶上我了。”

丁思雨说：“是的，那么剩下的10米呢？”

潘奔奔接着说：“其实就相当于我们俩是同时跑出去的，但我今天身体不行，同样长的距离肯定跑不过夏皮皮……明白了！”

夏皮皮不好意思地挠挠头，说：“我可不是故意占你便宜的。看样子，我跑100米时他跑90米，并不等于我跑110米时他就能跑100米。”

明白了道理，两人相约等潘奔奔身体好了择日再比。

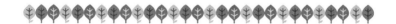

夏皮皮请你练一练：

你能算出第二次比赛当夏皮皮跑完 110 米到达终点时，潘奔奔跑了多少米吗?

答案：我们用方程解决比较方便，当然也可以说成是用比例。比例中的比号“：”如果改成除号“÷”，那就是方程啦。解：设潘奔奔第二次比赛跑了x米，则$100:90=110:x$。解得99米。

02

倒霉是有数学道理的

穿错了的袜子

虽然夏皮皮和爸爸在同一所学校，一个上学，一个上班，但是他们很少一起到学校。一方面是因为夏老师习惯了早到校，做课前准备，顺便也与年段的其他老师交流一下；另一方面，其实也是夏皮皮想避嫌，他可不想让同学们觉得他很特别。

可是，这一天，都已经上课了，还没看到夏皮皮的踪影。同学们看得出来，夏老师上课都有点心神不定，时不时地往窗外瞟上一眼。

正当夏老师心里暗暗着急的时候，夏皮皮衣冠不整地从操场上跑过来，直冲到教室门口，还来了个急刹车。要不是看到夏老师的脸色不好看，他的死党董尚几乎要为他的“闪电飘移”鼓掌了。

夏皮皮站在教室门口气喘吁吁地说：“报告，老师，我，我迟到了……”

看他满头大汗的样子，夏老师心软了，连忙摆手说：“没关系，没关系。看你跑得，连头发都湿了。”

潘奔奔却嘀咕着：“说不定他迟到了怕挨骂，在操场上跑了几圈才进来的。”

丁思雨摇摇头说：“不能这样猜疑别人，你没看到夏皮皮连衣服都没来得及穿好吗？”

大家一看，果然夏皮皮连扣子都扣错了，衣襟一边高一边低，看起来怪模怪样的。

夏老师一向主张要衣着整齐，看夏

皮皮这样狼狈，便停下课来，等他穿好衣服。

夏皮皮三下五除二，很快就重新扣好衣服，笔直地站在大家面前。同学们定睛一看，纷纷笑了起来。原来，夏皮皮的裤腿有点短，袜子都露在外面，他的左脚上穿着一只黑袜子，右脚上却穿着一只白袜子。

夏皮皮见大家都“热情”地看着他的脚，低头一看，也笑了。

夏皮皮解释道：“我有一双黑袜子、一双白袜子，轮换着穿。可是今天早上起床一看，少了两只袜子！”

“没事，旧的不去新的不来嘛。”董尚安慰他。

“唉，要是少的正好是颜色一样的袜子也就罢了，倒霉的是，偏偏少的是一只黑袜子和一只白袜子。”

同学的笑声更响了。

“这下子，丢的袜子不成对，剩下的也不成对。我找了半天，也没找到任何一只丢失的袜子，最后只好穿成这样了。”他长长地叹了一口气说，“本来就起迟了，袜子又来添乱，啥事都不顺。总之，今天是我夏皮皮倒霉的一天呀！”

夏老师听到夏皮皮给自己下了一个判断，哈哈大笑起来，说："儿子，呃，夏皮皮的感觉很有意思。俗话说：'屋漏偏逢连夜雨，船迟又遇打头风。'说的就是倒霉事总是接二连三地发生。你们是不是也有这种感觉呢？"

"对啊，对啊。"潘奔奔抢着说，"我上次在南门附近扭伤了脚，刚缓过来，不知从哪里窜出来一条狗要咬我，还好我躲得快，但是裤子被咬破了。"

"这只狗太过分了，我有个好建议给你！"班上的小机灵张灵栋一本正经地说。

"有什么好办法？赶紧说说，我明天早上还要经过南门呢。"潘奔奔虽然平时和张灵栋关系一般，但这事"性命攸关"，于是诚恳地请教起来。

"你就对它说，只要你不咬我，我保证……也不咬你！"听到"保证"的时候，同学们还在想，会是什么奇特的办法呢？一听是"人不咬狗"，大家顿时爆笑起来。

程飞翔摇头晃脑地说："有道理呀有道理，有道是狗不犯人，人不犯狗；狗若犯人，人必犯狗。"

"去你的，再乱讲，我不咬狗，先咬你！"潘奔奔气呼呼地冲着张灵栋一龇牙，却在全班同学的大笑声中，也笑了起来。

倒霉之中有数学

“你这已经算是很幸运啦！”丁思雨说，“如果被狗咬伤，还得打狂犬疫苗。”

“你听我说完嘛。我一瘸一拐地回家，进门的时候，脚抬得低了一点，在门槛上绊了一下，一下子就倒地不起了。”潘奔奔不愧是表演天才，说得绘声绘色。

在大家的哄笑中，夏老师笑着打断了潘奔奔的话：“好了好了，不要喧宾夺主。我是说利用数学，我们完全可以证明祸不单行！”

夏老师转过身去，一边在黑板上写下“黑1、黑2、白1、白2”，一边说：“我们把夏皮皮的4只袜子分别起一个代号，便于分析。如果从这4只袜子里随便拿两只组成一双的话，那么有这些选择……”说着，他又继续写：黑1黑2，黑1白1，黑1白2，黑2白1，黑2白2，白1白2。

“瞧，一共有几种搭配方式？”夏老师循循善诱。

同学们异口同声地说：“6种。”

“其中正好是同色的有几种？”

“只有黑1黑2、白1白2两种。”

“对，不同色的又有多少种呢？”

“4种！”

“是的。这就说明，夏皮皮丢失的两只袜子正好是同色，不影响剩下袜子的搭配，这种情况的可能性只有三分之一，而丢失的两只袜子不同色，剩下的袜子于是也不同色，不好搭配的可能性是三分之二。”

夏皮皮点点头：“就是说，我穿成‘黑白配’的可能性更大。”

夏老师继续说：“是的。夏皮皮不见了两只袜子，这是一种倒霉的情况。可是丢的袜子不同色，造成剩下的袜子不好搭配，这种更倒霉的情况的可能性，是前面那种倒霉可能性的……”

“两倍！”全班同学异口同声，声音既欢乐又新奇。没想到，生活中的“祸不单行”居然是有数学道理的。

夏老师又问：“对于刚才的讨论，你们有什么收获？”

潘奔奔一本正经地说：“我的收获是，一定要把自己的袜子收好。所以我决定——从明天起，我就不穿袜子啦！”

夏老师笑了，他请丁思雨说。

丁思雨可不会像潘奔奔那样信口开河，她认真地说：“我觉得，生活中的感受虽然看不见摸不着，但其实许多事情都可以用数学来描述、推测、证明。例如‘为什么我这么倒霉’，其实很可能是数学上的‘搭配的学问’‘排列和组合’‘可能性的大小’这些道理在起作用呢。”

夏老师点点头：“是的。大家不妨想一想，如果抛两枚硬币，那么出现一正一反的可能性有多少呢？”

“要先想想有几种情况。”丁思雨还没坐下，就接过话说。

“那不只有3种情况吗？两个都正面、两个都反面、一个正面一个反面。”潘奔奔抢着说。

“错啦。”班上的同学纷纷说。

夏老师也说：“是的，我们可以把硬币分别编成1号和2

号，然后列举出有几种都是正面的情况，有几种都是反面的情况，有几种一正一反的情况。其实它们是有不同的哦。”

夏皮皮已经在门口站得不耐烦了。他一摆手说：“爸爸，呃，不，夏老师，你还是赶紧抛硬币吧。”

夏老师有点生气：“这么简单的问题，难道你还要验证一下才想得到吗？”

夏皮皮说：“不是呀。你抛两块钱的硬币给我，我去买两只不同色的袜子，这样不就可以把家里的袜子配成对了吗？”

同学们都笑了起来，这真是愉快的一节课。

后来，夏老师和同学们一起总结出了一个规律，叫作“倒霉定律”，意思是，如果坏事有可能发生，那么一定会发生，而且发生的总是坏事中最糟糕的那种情况。

潘奔奔还提出一个有意思的建议——将这个定律命名为“夏皮皮定律”。可惜夏皮皮坚决不同意，还义愤填膺地说：“你们这些没良心的家伙，我已经够倒霉了，你们还落井下石，这简直是‘倒霉定律’的又一个例证啊。”

同学们一听，哄堂大笑，也就算了。

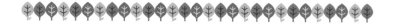

夏皮皮请你练一练：

夏老师向同学们提了这样的一个问题：如果抛两枚硬币，那么出现一正一反的可能性是多少？数学魔法课的粉丝们，说说你们的答案吧。

答案：两枚硬币分别编为1号和2号，情况有：1正2正、1正2反、1反2正、1反2反。所以，一正一反其实包括了两种情况，占全部情况的四分之二，也就是一半。

03

分组的三原则

有一双眼睛在窥探

刚下课，潘奔奔就走到夏皮皮的课桌前，严肃地对他说：“皮皮，你还记得我们的约定吗？”

夏皮皮正准备起身出教室，被潘奔奔堵住了去路，莫名其妙地问：“我们有什么约定？”

潘奔奔认真地说：“上次我和你打赌，说除法不可能变乘法，我不是输了吗？按约定，我应该在教室里爬一圈的。”

夏皮皮还以为是什么大事呢，一听这话，笑着说：“上次的打赌就算了，你就别爬啦。”

潘奔奔坚定地说：“那怎么行，男子汉怎么能说话不算数？我是一定会爬的！”

听潘奔奔说得这么斩钉截铁，夏皮皮不由得对他肃然起敬。

夏皮皮竖起大拇指："男子汉！佩服你！待会儿同学们就要排路队回家了，要不要我替你宣传宣传，观众越多越好，这样才有春节联欢晚会的效果。"

潘奔奔连忙拦住他，说："先不急，我爬给你一个人看可以，如果有其他观众的话，那……不过我倒是明白了一个道理，没事多翻翻数学书，肯定有收获。"

虽然明知潘奔奔是在故意岔开话题，但夏皮皮还是和他聊了起来："数学书不像语文书有那么多故事，不过书里的那些问题也蛮有趣的。边看边想，还能够明白许多数学道理呢，而且这样一来，学习时就轻松多了。我从小就有看数学书的习惯呢。"

"真棒！是夏老师特意培养的吗？"

"才不是呢，我家里数学书多，各个年级的都有，没书可看时也只好翻翻了。"

"哦，原来是这样呀。"潘奔奔笑了起来，"不过，爸爸当老师就是好，家里课本多。夏老师有没有替你讲解一下？"

“你可别以为看书要像听课那样严肃认真，我爸爸说了，哪怕只是随便翻翻，也很有收获。”

“看来我也行哦。”潘奔奔的眼睛亮了起来。

“我小的时候只是觉得数学书上的那些插图蛮有趣的，看久了就开始注意上面的问题了。”夏皮皮现身说法。

“我觉得提前看一看，就对要学的内容有了印象，上课的时候自然就更好理解了。”

“就是这样，你也蛮有心得的嘛。”

“还不是跟你打赌后才知道的！”潘奔奔一副痛心疾首的样子。

说完潘奔奔环顾四周，然后高兴地说：“大家都走了，现在我就来爬一圈吧。”

夏皮皮这才明白过来：“哦，原来你扯了半天，是为了等同学们放学回家呀！”

“那当然了，我怎么好意思在全班同学面前爬，一世英名不就毁于一旦了吗？”

“你这聪明要是用在数学学习上，说不定我也不是你的对手哦！”

说着话，两人把教室的门掩上了。潘奔奔趴下身子，还

真的像大狗熊一样在教室的过道上爬了起来。谁知刚爬两步无意中抬头一瞧，发现居然有双眼睛正在窗外看着他，潘奔奔不由得吓得魂飞魄散！

丁思雨的好建议

到底是谁在偷看？潘奔奔马上想到，要是在教室爬的事被传出去，这面子还往哪搁呀。

看到潘奔奔停了下来，夏皮皮顺着他看的方向一瞧，也发现了那双眼睛。夏皮皮的动作快，他跑过去猛地把门打开，原来站在外面的是丁思雨！

丁思雨看着他们紧张的样子，哈哈大笑起来，说："你们俩鬼鬼祟祟地干什么呢？这是在教室里爬吗？潘奔奔打赌输了对不对？"

"这你也能猜出来，真行！"

"放心好了，我不会说出去的啦。再说我来找你们，是有事情要商量的。"

一听班长居然有事情找他们商量，潘奔奔和夏皮皮连忙认真起来。夏皮皮趁机把剩下的爬行一笔勾销，本来他也没打算让潘奔奔履约。

原来丁思雨觉得上次和夏皮皮、潘奔奔、肖施文组建的学习小组很好，能够让学习不够好的同学学到一些好的学习方法，而成绩好的同学也能锻炼自己的表达能力，可以说是两全其美，希望能够在班上推广。最后，丁思雨还给学习小组起了个好听的名字：双赢学习小组。这让夏皮皮和潘奔奔觉得这班长真是名副其实呀。

“同样的一件事，为什么丁思雨讲出来就那么有道理呢？”夏皮皮想得出了神，直到潘奔奔提醒，他才反应过来，连忙说：“真是个好创意！我负责回家说服夏老师，呵呵，就是我爸爸啦。”

丁思雨笑了起来："这就是我想让你做的事呀！"

夏皮皮不得不佩服丁思雨，让儿子出马搞定爸爸，那效果绝对没说的。

不过夏皮皮心中有数，这样的好事，爸爸怎么会不答应呢，而且上回学习小组的主意还是他出的呢。

果然回家和爸爸一说，爸爸非常高兴，还拿出老师的架势，表扬丁思雨和夏皮皮的建议很有创意。

"不过……"爸爸话音一转，又问，"那你想好怎么分组了吗？"

"全班有55人，每4人一组，那就是55÷4=……哎呀！"夏皮皮叫了起来，"不能整除呢。我早该想到，不能被2整除的数，肯定也不能被4整除！"

"那怎么办？"作为老师，爸爸是不会直接给出答案的。

"要是56就好了，七八五十六嘛，是8的倍数的数一定也是4的倍数。"夏皮皮琢磨着，"现在如果组成13个小组，剩下的3个同学怎么办呢？"

夏老师提议说："嗯，就让这3个同学单独成一组吧。人员怎样分配，你可以和丁思雨商量出一个方案来！"

是指定名单，还是自由申报？是友情优先，还是距离优先？夏皮皮觉得还有许多事情要考虑呢。

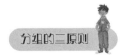

体验高考填报志愿

许多同学都有过与不喜欢的人做同桌的痛苦经历，夏皮皮对此也深有感触，所以他决定分组坚决不搞“捆绑销售”“强买强卖”，但是……如果让大家自由选择的话，恐怕学习小组最后都会变成玩乐小组了，所以每个人的数学水平是一定要考虑的。

第二天正好是周末，夏皮皮找到丁思雨，两人确定了分组的三条原则：

1. 按数学学习情况搭配；

2. 尊重每个同学自己的选择；

3. 同组组员的家之间，距离要尽量短。

组建数学“双赢学习小组”，当然离不开数学的帮助。夏皮皮和丁思雨都深有体会：数学能够帮我们找到做一件事的最佳方案。那么，确定小组人选的最佳方案是什么呢？

经过三番五次的请教和反反复复的思考与调整，夏皮皮和丁思雨终于拿出了一套方案，并且得到了夏老师的认可。

在第二天的数学课上，夏老师一宣布要组建周末学习小组，同学们都迫不及待地想参加。当然啦，和被家长关在家里比起来，周末和同学在一起要有趣得多。

“但是怎样分组呢？”潘奔奔代表大家提出问题。

夏老师请丁思雨详细解答。丁思雨一下子就吸引了大家的注意力，她说：“咱们虽然是六年一班，可是做起事情来可不能‘一般’。所以，我们将采用高考填报志愿的办法分组！”

“轰”，教室里一下子热闹开了。高考，多么神秘的字眼！听哥哥姐姐们说，那可是人生中的头等大事呢。

分组活动热热闹闹地开始了……

首先是确定小组长。丁思雨已经请夏老师按照数学学习情况和家庭住址指定了14位同学。丁思雨品学兼优，自然是小组长的不二人选。而夏皮皮的数学成绩马马虎虎，只有当组员的份。当然，这也正合他的心意。

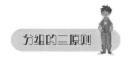

剩下的41位同学再按成绩分成A、B、C3组，每组14人（有个小组缺1人）。

接着，最重要的环节开始了——填报志愿！

同学们想和谁一起学数学呢？每个人可以按顺序选择3个小组长。填写完毕，大家把报名表投进可选小组长面前的纸盒中。

夏皮皮一眼望去，丁思雨面前的纸盒最满，他有点紧张起来，因为他的报名表也在里面呢，看来选择这个小组的人最多。

到底按什么来“录取”呢？大家都在期待答案！

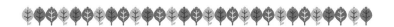

夏皮皮请你练一练：

总人数可以怎样平均分组，与因数有关。你知道100 以内因数最多的数中，最小的数是哪个吗？

答案：100以内，有4个数的因数都是12个，分别是60、72、84、96，最小的数自然是60。所以，60是100以内因数最多而本身又最小的数。也正因为这个特点，所以它在生活中有不少应用，如时分秒的进率等。

04 近水楼台先得月

距离说了算

紧张归紧张，但夏皮皮心里还是有底的，因为他和丁思雨住在一个小区，而每个小组长选组员的最主要的依据就是——距离近的优先！

夏皮皮把这叫作“近水楼台先得月”。

忙碌的“录取”工作开始了。每个小组长先把面前盒子里的报名表拿出来，按成绩分成A、B、C3组。

夏皮皮的报名表在丁思雨面前的A组中，而C组的报名表也特别多。这是因为丁思雨是班长，平时就很乐意帮助成绩不好的同学。

接下来，各小组长再把ABC各组按志愿排好顺序。夏

皮皮第一志愿填的就是丁思雨，自然排在前列了。可是他仔细一看，A组和他一样把丁思雨填在第一志愿的一共有5个人呢。

数学成绩考虑了，个人选择也尊重了，还是有“撞车”的，这种情况下再拿什么来比较呢？

距离。

什么叫距离？两点之间线段的长度就叫距离，如果是点到直线的距离，那就要画垂线了。

夏皮皮充分发挥了他的电脑特长，打开了卫星地图，协助各位小组长精确测算两个地点相距多远。

5个数学水平接近而又都把丁思雨填在第一志愿的同学里，夏皮皮家离丁思雨家只有50米——本来就在一个小区嘛——其他人至少也在100米之外了，夏皮皮自然就选上了。

比较惊险的是潘奔奔和肖施文之间的竞争。他们俩都在C组，第一志愿填的都是丁思雨，距离还都差不多。

怎么办？有可能出现无法决定的情况吗？

哈哈，放心好啦，绝对不会的！这就是数学的奇妙之处哦。

你想一想，比较两个数字，如果百位相同，那可以再比较十位，十位相同再比较个位，个位相同还可以比较十分位、百分位呢。最后肖施文的155.3米以6分米的优势战胜了潘奔奔的155.9米，成功加入丁思雨小组！

丁思雨小组选上的另外一名组员也很合夏皮皮的意，因为正好是他的死党董尚，他们俩高兴地击掌庆祝。

每人填报3个志愿的作用在这时候就体现出来了，虽然潘奔奔没去成丁思雨小组，但他的第二志愿还是“录取”了。

这种按成绩、志愿和距离“录取”的方案非常有效率，一节课下来，分组工作顺利完成了！

夏老师宣布，这个学期结束时，将评选出最佳学习小组，颁发特别奖品一份！

一场友好的竞赛即将开始。

有除法分配律吗

夏皮皮的同桌邱小蝶所在的学习小组，小组长是班上号称数学最强的张灵栋，另外两名组员一个是潘奔奔，另一个是老喜欢跟夏皮皮较劲的程飞翔。邱小蝶告诉夏皮皮，程飞翔在小组里提出要把丁思雨小组作为竞争对手，要在课堂、作业、考试等各个方面全面战胜他们。

这话有点下挑战书的味道，这让丁思雨小组抓紧时间行动了起来，第一个周末，他们就集中在夏皮皮家里活动了。

夏皮皮先发言："我觉得张灵栋小组说得很对，哪个小组进步最大，关键就是看课堂、作业和考试三个方面。我觉得我们小组周末可以用一个小时来复习这周学习的内容。"

丁思雨对肖施文说："上次你用扑克牌学数学，做得多棒呀！以后你只要胆子大一些，肯定还会做得更好。"

董尚也保证说："今后我在课堂上也一定会多发言的。"

肖施文点点头，说："从前我有不懂的题目，我爸我妈也讲不明白，今后问你们就好多了。对了，我正好想问一下，今天作业里的（$\frac{3}{4}+\frac{4}{9}$）$\div\frac{1}{36}$能不能用除法分配律来做呢？"

"除法分配律？"这让另外3个人愣了一下，"只听说过乘法分配律，哪有除法分配律呢？”

“嗯？怎么没有呢？这样不就是吗？”肖施文说着在纸上写了起来：

$=\frac{3}{4}\div\frac{1}{36}+\frac{4}{9}\div\frac{1}{36}$

$=\frac{3}{4}\times36+\frac{4}{9}\times36$

$=27+16$

$=43$

丁思雨看了一下，笑着说：“还真是的，不过这其实就是乘法分配律呢，你瞧这一步……”她在第二个等号后面画了一条线。

夏皮皮也看出来了，说："自从我们学了分数除法以后，除法和乘法就可以随便转换了。"

肖施文高兴地说："你们这么一说，我心里就有底了，要不一个人在家里做作业，遇到难题都只能瞎猜。"

董尚说："那你就给大家打电话呀，我和夏皮皮就经常通电话。他只要'喂，您好'，我妈妈就知道他是谁了。"

他模仿夏皮皮的声音还真是有点儿像，逗得大家都笑了起来。

丁思雨这时又说："还是记住根本没有除法分配律比较好，要不然就容易犯这样的错误……"

她在纸上写了起来：

$$36\div(\frac{3}{4}+\frac{4}{9})$$

$$=36\div\frac{3}{4}+36\div\frac{4}{9}$$

$$=48+81$$

$$=129$$

"这种算法是不对的。如果牢牢记住只有乘法分配律，那就会先算括号中的$\frac{3}{4}+\frac{4}{9}=\frac{43}{36}$，算式也就变成$\frac{43}{36}\div\frac{1}{36}$。你看，得数差很多吧。"

第一次的小组学习让大家都记住了：不存在除法分配律。

从阳台上直接飞过来

把小组学习的地点设在谁家呢？这是个重大问题。当然首先要考虑谁家最方便，最好是那种爸爸妈妈周末不在家的，免得他们时不时地过来“关心”一下。一想到有可能出现这种情形，4个人不约而同地表示——受不了。

这一交流才发现，不管成绩是好是坏，大家的想法还是挺相似的，不由得哈哈大笑起来。

丁思雨毕竟是这个学习小组的小组长，她牢牢记着自己的职责，提出了一个“专业”问题：“我们应当再用数学方法来比较一下，看在谁家学习比较好。”

这个问题让边上的夏老师拍手叫好，能够在生活中想着运用数学，那才是最厉害的呢。

董尚说：“最好是在我家，那样我就可以坐在家里等你们了。我走的路程是0米！哈哈！”

这种自私的想法马上遭到了大家的一致反对。

不过夏皮皮说：“董尚的想法我觉得也有一定的道理，但我们要考虑的不是一个人走的路程最短，而是我们4个人走的路程的和最少。”

丁思雨说：“那我们先要测算出两两之间的路程。”

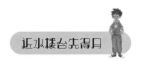

董尚不明白了，说：“上回夏皮皮在班上不是用卫星地图测量过了吗？”

夏皮皮说：“上回我测量的是距离，我们今天要测算的是路程。”

“难道距离和路程不一样吗？”

“这……”大家都把求援的目光投向了夏老师。

夏老师笑呵呵地过来坐下，说：“打个比方，我们家和丁思雨家是楼对楼的同一层，直线距离就只有50米。思雨跑50米只要20多秒，但是为什么她过来我们家要10多分钟？”

丁思雨笑着说：“我总不可能从阳台上直接飞过来嘛。”

夏老师说：“是的。有的房地产开发商在广告上说，他们卖的房子离市中心只有3千米，听起来很近。但是买了房子的人住进去后才发现，原来3千米是地图上的直线距离。实际上中间隔着一条江，要绕远路过桥，其实离市中心有13千米还不止呢。”

“这样呀！”董尚恍然大悟，“我明白了，3千米是距离，13千米是路程。好像距离都比路程短呢……”

夏老师说：“这就是数学上的一个公理，叫作‘两点之间线段最短’！那接下来，怎样测算你们要走的路程，就要你们‘八仙过海，各显神通’了哦。”

谁的办法会是最妙的呢？

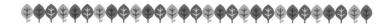

夏皮皮请你练一练：

甲、乙、丙、丁、戊5名同学站成一排。已知丙在戊右边2米处，丁在甲右边3米处，丙在丁右边6米处，戊在乙左边3米处。请问：最左边的同学和最右边的同学相距多少米？

答案：我们可以画图表示：

解：3＋4＋2＋1＝10。最左边的同学和最右边的同学相距10米。

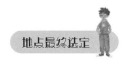

05 地点最终选定

四个人家三段距离

从地图上看，四个人的家正好成一条直线，中间有三段路，于是董尚、夏皮皮各测量一段，肖施文和丁思雨搭档测量一段。

他们分头行动，第二天就又到夏皮皮家来了，因为这样正好可以冠冕堂皇地请夏老师来当顾问嘛。

董尚说：“数学课上学过，速度×时间=路程。我到学校的跑道上测试了好几次，得出我走路的速度大概是每秒1米。刚才我从家里走到夏皮皮家，花了两分钟，那么路程就是1×120=120米。”

肖施文不明白地问：“这里的120是哪里来的？”

“就是把2分钟转化成120秒呀，这样时间的单位是‘秒’，速度的单位是‘米/秒’，两者才一致嘛。”

看来董尚反复考虑过他的测算办法，所以肖施文一问他就回答，胸有成竹。

夏皮皮说：“我的办法也是走路，但是我觉得没必要测自己走路的速度。之前我们在数学课上学过，可以把‘步长’当尺子。我每步的长度大约是0.7米，从我家到丁思雨家，我走了300步，那么路程就是0.7×300＝210米。”

丁思雨听了以后，笑着说：“你们俩的办法其实很相近嘛，我和施文的办法可不一样哦。保证你们一听，就觉得很特别！”

到底是什么办法呢？夏皮皮和董尚的好奇心被勾起来了，直催着丁思雨快点儿说。

丁思雨却对肖施文说：“施文，还是你来介绍吧！”

肖施文有点儿紧张，不过看得出来她们俩这次是有备而来的，并且丁思雨早就计划好让肖施文发言，所以已经为她预先准备了一张纸，上面写着测量步骤和算式。

肖施文定了定神，介绍起来：“我们的办法是边走边数地上的参照物。在平路上，我们数地上的方砖；在楼道里，我们就数台阶。”

夏皮皮和董尚听了，佩服地有点头，心想：要说起来，这方砖在城市里还真是处处可见，一路相随。

肖施文继续说：“每块方砖边长2分米，路上有1400块方砖，那就是2×1400＝2800分米，就是280米。咱们小区的楼梯，每级台阶高1.5分米，从我家到丁思雨家，下楼再上楼，一共有100级台阶，那就是1.5×100＝150分米，也就是15米。两个加起来，我家和丁思雨家之间的路程是295米。”

四个人的家之间，有三个间隔距离，这正是数学课上学习过的“植树问题”，现在三段距离都已经测算出来了。

夏老师听了他们的发言之后，点点头说：“非常好，你们都在走路过程中解决了测量路程这个问题。三种办法都有各自的优点，但我觉得表现得最好的是肖施文。她把测量的经过说得很清楚，从中我看出了她的巨大进步，也看到了丁思雨和她配合得相当不错，两人都棒棒哒。”

没想到夏老师还会使用流行语，四个人都不由得都笑了。大家认为这多半是夏皮皮的功劳。他在家里肯定经常这么说话，影响了既是爸爸又是老师的夏大树。

“现在我们画一张图吧，考虑一下到谁家活动，四个人走的路程的和最少。”夏皮皮的建议得到了大家的一致认可。

那么，你知道在谁家集中最好吗？

四个人家两个最优

看着摊在桌面上的示意图，大家思考了起来，怎么确定在谁的家里最好呢？

当然，每个人都希望在自己家里集中，这样自己就可以“足不出户”了，需要走的路程为0米。万一遇到下雨天，就不会被淋湿了！

虽然大家心里都这么想，但是只有董尚好意思说出来：“请大家到我家来吧！我家大门常打

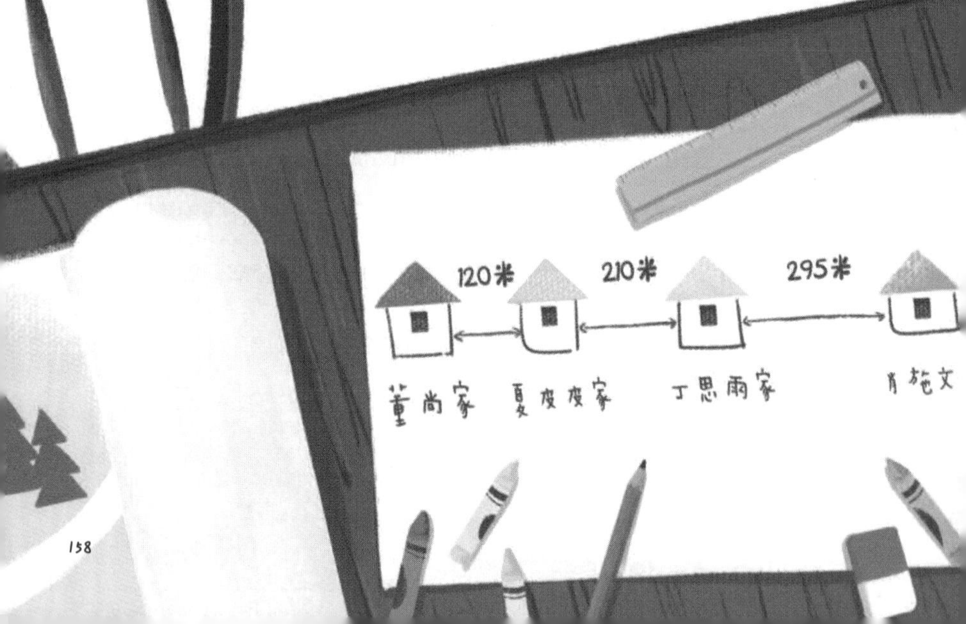

开，开放怀抱等你。做完作业有默契，你会爱上这里。不管远近都是朋友，请不用客气……”他居然还用《北京欢迎你》的曲调唱起来了。

不过他的“热情邀请”遭到了大家的一致反对，简直可以说是群起而攻之。肖施文反对得最激烈，她说：“去你家的话，我每次都要从这头跑到那头，要走625米呢，不是要累死了？还不如去我家。”

董尚却大大咧咧地说：“那如果去你家，就变成我要走625米了呢。你们女孩子不是很喜欢逛街吗？这区区625米，哪里难得住你们？你有这么容易累死吗？”

肖施文气得够呛，她抄起一本书就要追打董尚，边追打边嚷嚷：“叫你胡说八道！”董尚话一出口，就知道大事不妙，身手灵活的他哪里会被肖施文打到。他绕着桌子和肖施文转起了圈圈，客厅里立马闹成一团。

丁思雨出来打圆场，她拦住了气呼呼的肖施文，然后批评董尚说：“行了吧你，别捣乱。我们昨天就说了，要用数学方法解决问题。”

夏皮皮也跟上做和事佬，安抚一下肖施文，说：“肖施文一下子就算出她到董尚家要走625米，吃亏得很。我觉得肖

施文的心算能力越来越强了，头脑转得也越来越快了。”

肖施文一听，心里挺高兴，对董尚说了一句“今天先放你一马”，坐回座位去了。

董尚一见批评他的意见占了上风，也不敢吭声了。

四个小伙伴认真地讨论起来，怎样比较哪种方案最好呢？大家一时半会儿想不出解决办法，于是一齐望向夏老师，却发现他不知什么时候已经走开了。看来夏老师打定主意，要让他们“自学成才”。

夏皮皮提议：“干脆，我们用最笨的办法，把每种方案大家要走的路程都列出来，逐一对比吧！”

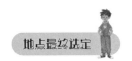

丁思雨竖起了大拇指，赞同这个提议："有道理，夏老师说过，笨办法胜过没办法。"

他们列出了一张表格。

在表格的最左侧是学习地点，而表格的右侧应该是每个人到其他人家所要走的路程，所以这个表应当是一个5行5列的表格。

考虑到最右侧还要加上1列"合计"，所以就先画出了一个 5 行 6 列的空表格，然后再逐一填写。

以下就是他们填上数据的表格。

学习地点	董尚要走的路程（米）	夏皮皮要走的路程（米）	丁思雨要走的路程（米）	肖施文要走的路程（米）	合计（米）
董尚家	0	120	330	625	1075
夏皮皮家	120	0	210	505	835
丁思雨家	330	210	0	295	835
肖施文家	625	505	295	0	1425

从表格上的"合计"可以看出，四人学习小组如果集中在夏皮皮家或是丁思雨家，都很不错，所有人要走的路程的总和是835米，而如果集中在董尚或肖施文家，需要走的总路程就多了许多。

数据摆在面前，大家都没意见了，看来这就是数学的力量呀。

只有丁思雨还望着表格思考着。肖施文问：“还有什么可想的呢？”

丁思雨若有所思地笑了笑，问她：“施文，你有没有想过，为什么集中在你家，大家要走的总路程最长呢？”

这个问题一提出，立马引起了其他三个人的兴趣。是呀，这是为什么呢？

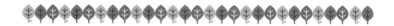

夏皮皮请你练一练：

如果甲、乙、丙、丁、戊这5名同学依此顺序站成一排，相邻两个人之间的间隔都是10米。现在要请他们集中站到其中一个人的位置上，应当选谁的位置才能使所有人走的总路程最少呢？这个最少的总路程是多少米？

答案：可以像故事中的4位同学这样，列表对比5个位置的移动情况。从对比结果可以发现，集中在正中间的丙的位置上是最好的。甲、戊各走20米，乙、丁各走10米，合起来只需要走20×2＋10×2＝60米。

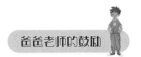

06

爸爸老师的鼓励

从耕地到吃大饼再到吃粽子

丁思雨的问题一提出，大家不由得又去看示意图。

肖施文说："从我家到最近的丁思雨家都要走295米，是几段路程中最长的，如果到我家来，那大家都要走这295米，当然总路程就长了。"

夏皮皮带头鼓掌。他还记得，有一次爸爸在办公室辅导肖施文的数学作业，可费劲了。

那天的作业中有一道题是这样的：

使用52型拖拉机，一天能耕地150平方米，那么12天一共能耕地多少平方米？

夏皮皮正好在爸爸的办公室里做家庭作业，他看到肖施文列的算式是：52×150×12。

这显然是不对的，要知道52型拖拉机中的“52”其实是拖拉机的型号，并不是数量，就如同“38路公交车”一样，只是一个编号而已，不可能使用在根据数量关系列成的算式中。

夏皮皮正要告诉肖施文：“你这算式是错的，还是抄我的吧。”余光瞥见爸爸进来了。他吐吐舌头，连忙坐端正，要是爸爸看到他用直接抄答案的办法来教同学，非训斥他不可。

夏老师倒没在意夏皮皮，他看到肖施文列的算式，皱皱眉头，问她：“施文呀，告诉我，你为什么这么列式呢？”

夏皮皮心里想：还要问为什么，她要是

能回答为什么，数学成绩就不会差了。没想到肖施文马上回答："夏老师，我错了……"夏皮皮哭笑不得，心里又想：肖施文认错还真是一把好手，很干脆。爸爸可别让我向她学习这个——只要爸爸没有证据，我对承认错误肯定是要"抗拒到底"的。

夏老师却非常耐心，又问肖施文："别紧张，你告诉我，对的算式应该是怎样的呢？"

肖施文想了一想，犹犹豫豫地说："用除法。"

"哦……"夏老师不动声色，继续问，"怎么除呢？"

"用大的除以小的。"这点肖施文倒是回答得很快。其实到了高年级，许多同学已经知道，小的数也是可以除以大的数的，但肖施文看来还保留着低年级时对除法的印象。

夏老师忍不住了，问："为什么是用除法呢？"

肖施文连忙回答："对不起，老师，我又错了。"夏皮皮正想大笑，一看爸爸正瞪着他，连忙拿手指把上下嘴唇捏住，表示不插嘴。

"你说一下，对的算式应该怎样列？"夏老师循循善诱。

"应该把它们加起来。"听到肖施文的这个回答，夏老师也笑了。夏皮皮知道他爸爸肯定是在想，如果再问下去，恐怕减法就出来了。而如果减法还不行，肖施文肯定就会觉得自己走投无路了。因为小学生列数学算式，只有加减乘除4个办法，如果全不行，就不知道怎么办了。

夏老师打算使出数学老师的绝招——变式，就是换用学生熟悉的素材来编同样的数学题，这样可以让学生更好理解。他说："我们换一个题目吧，比如你每天吃两个大饼，那么5天可以吃几个大饼呢？"

夏皮皮觉得这个问题太简单了，去掉了原题中的干扰句，又换了比较小的数。哪知道，肖施文睁着无辜的大眼睛，委屈地说："老师，我从来不吃大饼的。"

在夏皮皮快控制不住的笑声中，夏老师无奈地问："那你喜欢吃什么？"

肖施文很认真地回答："我今天早餐吃了粽子，我喜欢吃粽子。"

夏老师连忙说："好的，好的，粽子也行。那你每天吃两个粽子，5天一共要吃几个粽子？"

大饼改成了粽子，这下你应该熟悉了吧。夏皮皮和夏大树的想法一模一样，他们不约而同地望向肖施文，却被肖施文的回答"雷"得外焦里嫩。

“夏老师，一天根本吃不了两个粽子。”

夏老师擦擦额头上的汗，苦笑着问：“好吧，是我没注意。粽子吃多了确实不好消化，干脆你来告诉老师，你每天吃几个粽子？”

“我吃半个就可以了。”肖施文回答这样的问题的速度很快。

“行。你每天吃半个粽子，5天能吃几个粽子？”夏皮皮为爸爸编的这个问题担心，从整数乘法变成了小数乘法不是更难了吗？

“两个半。”没想到肖施文一下子就回答对了。

在夏皮皮的掌声中，夏老师乘胜追击：“你是怎么算出来的？”

“很简单呀，两天一个，5天就是两个半。”

夏皮皮晃晃脑袋，赶走回忆的思绪。从那么简单的问题都不能回答，到这次一起选择学习地点并分析其中的道理，肖施文的进步是实实在在的，夏皮皮由衷地为她感到高兴。

夏老师的勉励

“已经选好地点了是吗？”这时，夏老师推门进来，原来他刚才去扔垃圾了。

夏老师去洗手间洗了一下手，边用布擦着边走出来，对大家说：“由肖施文和董尚跟我说一下你们是怎样选好学习地点的，然后再定规则，好让其他小组也能学习你们的经验。”

于是，夏老师坐在沙发正中，夏皮皮他们面对着他，由肖施文和董尚主讲，夏皮皮和丁思雨补充，七嘴八舌地介绍起来。

都说完后，夏老师点点头表示满意。突然他又想起一件事，问道：“你们是不是应当定一个负责人呢？”

“不是已经有小组长了吗，为什么还要再定负责人呢？”董尚迷惑地看看丁思雨，又看看夏老师。

“小组长主持学习，思雨这两天做得很好。”夏老师说，“其实我是想选一个在每次学习结束后负责做卫生的人。”

“啊？”四个人你看看我，我看看你，傻了眼。这做卫生，不就是擦桌子、扫地、倒垃圾吗？别人都准备回家了，这人还要留下一会儿。当然，东道主要准备桌椅和场地，如果还要做卫生，那就太不公平了。

“谁愿意自告奋勇的，向前一步走。”夏老师大声鼓励。

大家你看看我，我看看你，暂时都没有行动。夏皮皮犹豫着，突然发现旁边三位好像接到了什么命令似的，齐刷刷地向后退了一步，他变成站在最前面的了。

“哇，你们是一起来坑我的吧。”夏皮皮跳脚大叫，三个小伙伴“阴谋”得逞，笑成了一团。

“哈哈。我的建议是，你们可以安排一个人负责最后倒垃圾，其他三人学习结束后整理桌椅和杂物，这样不就配合默契，更像一个团队了吗？”夏老师笑着说，“你们发现了吗？从四个人中选出一个人，其实和从四个人中选出三个人，情况是一样的。以后我还会像这样，不断提示

生活中的数学，也希望你们小组能够成为我们班最棒的学习小组。”

“没问题！”这是四人整齐的回答。

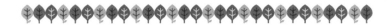

夏皮皮请你练一练：

按照这节数学魔法课中提示的规律，如果要从 50 个人的班上选出 49 个人去清理学校礼堂，有多少种选法呢?

答案：如果从50人中选49人的角度来思考，恐怕不容易想答案。但是选出49人去清理学校礼堂，就相当于从50人中选出1人留在教室，那么答案当然是50种选法喽。这是一个重要的数学规律，从数量n中选出比n少1的选法，其实就相当于从数量n中选出1个数的选法。